焦虑星人出逃指南

教你3步挥别高敏感型心理内耗

唐婧 著

电子工业出版社
Publishing House of Electronics Industry
北京·BEIJING

What does not kill me, makes me stronger.

凡不能杀死我的,必将使我更强大。

——Friedrich Nietzsche

弗里德里希·尼采

前　言

大家好，我是心理咨询师唐婧。

我想，我们这一代心理咨询师面临着比前辈更大的挑战，那就是我们身处自媒体时代。知识传播的广阔性和便捷性，让我们不得不跳出以往独立执业、1对1负责的个体心理咨询模式，面向更广阔的大众。

我在2016年开始涉足自媒体领域，从最初的喜马拉雅FM、酷狗音乐等音频平台，到后来的抖音、B站等视频平台，这些年，通过音频和视频为大家科普心理学，至今，作品的播放量已达数千万次。我每天在后台都会收到上百条留言，其中80%的留言与焦虑议题有关。每当我建议人家做心理咨询，得到的回复往往是："我不知道去哪里找适合的心理咨询师"或者"我的经济条件不支持"，以及"我害怕别人误会我有精神疾病"……然后大家会问我："唐老师,能不能教我一套自己可以调节焦虑的办法?"这个问题我思考了5年,反复尝试了5年,终于在这本书里给出了我的答案。

考虑到读者在心理学方面的知识基础各有不同,在本书的写作过程中,我刻意降低了专业词汇的使用频率,简化了烦琐的心理学概念,努力降低这本书的专业难度和门槛。与此同时,我增加了具体案例和练习,并为每一道实操练习都匹配上了示例,以方便大家更好地理解和实践,为自学和"自疗"提供最大限度的条件和支持。

仅以此书,献给每一位深受焦虑困扰的朋友。如果你恰好是我的粉丝,那么我期望,这本书没有辜负你5年来的等待,希望我没有辜负你的信任和厚爱。

或许我们相隔天遥地远,但是愿我的声音和文字如静夜里皎洁的月光,穿越时空温暖你、陪伴你。

愿你早日逃离焦虑星球,登上幸福星球,成为更好的自己。

唐婧

本书使用指南

本书针对深受焦虑困扰的朋友量身打造了一套身心修复自主训练体系，内容立足于专业的心理治疗理论和实践，整合我在临床心理咨询中积累的上千个焦虑个案的治疗经验，拥有一套极具实操性、专注于问题解决的心理"自疗"体系。

这套体系，包括三个阶段循序渐进的自助训练模块。

第一阶段 焦虑突围：走出高敏感和心理内耗

帮助你了解焦虑发生的底层心理逻辑，探寻焦虑背后的心理创伤，并对心理创伤做出处理，帮助你恢复心理安全感与控制感，逆转引发焦虑的三个思维定势，实现焦虑情绪的初步缓解。

第二阶段 原生家庭突围：疗愈原生家庭创伤

从原生家庭的视角来探讨焦虑型人格的形成，分析和总结不同人格特点和不同的原生家庭创伤类型，帮助你进行自我疗愈和焦虑缓解。

第三阶段 心理内耗突围：逃离焦虑星球，重建身心平衡

通过催眠与冥想的方法，即 10 个专业治疗级别的催眠与冥想脚本，帮助你重建内心的安宁，实现身心的平衡和情绪的稳定。

本书通过剖析典型案例，针对引发焦虑的不同因素给出具体处理方法，以一课一练循序渐进的方式，分解学习难度，确保你对专业知识的领会和掌握，这更利于效果的呈现与巩固。内容上，从焦虑形成的心理成因、创伤根源、认知行为模式，延伸到焦虑型人格的养成及原生家庭问题模式的影响，整体覆盖临床心理咨询对于焦虑的基础治疗角度，同时以催眠和冥想帮助身心减压，养成良好的心理保健习惯。如果完整地完成这个流程，那么相当于走完了一个心理咨询与治疗的初级疗程，不仅焦虑可以得到基本的平复和缓解，还可以初步实现身心的平衡和统一，帮助你逃离焦虑星球，成为更好的自己。

对于深受焦虑困扰的读者而言，这是一套特别好的"自疗"方案。只要跟随课程的引导，认真思考和完成课后练习，就可以切身感受到焦虑得以缓解。同时，对职业心理咨询师而言，这套体系亦可以作为一张"焦虑心理治疗导图"，你可以跟随本书的思路和脉络开展你的疗程，把课后练习作为治疗中抛砖引玉的线索，顺藤摸瓜找到更深入的问题和工作要点，将心理治疗深化下去。

在开始之前，有一些注意事项你需要了解：

第一，本套训练体系是基于焦虑人群的"共性问题"来设计的，是我对焦虑来访者身上"共同特点"的提炼和总结，这意味着有很多"个人特点"并没有被包括在内。简单来说，我们每个人的焦虑既有相似的地方也有不同之处，而本书中，我们主要处理这些"相似的地方"。因此，你需要结合自身情况对其中的内容进行选择和整合，使其更精准地适配于你。如果你的问题超出了本书的范围又亟待解决，那么建议你寻求一对一的心理咨询，以便精准地针对你的问题进一步深入治疗。如果症状过于强烈、痛苦过于严重，那么建议你寻求正规医院心理科或精神科的医学治疗。

第二，课后练习非常重要。每一节的课后练习、每一道题的设计都有其独特的用意，你需要用心、带着自我觉察去完成，在此过程中，认真思考和体会自己的感受。记住，完成练习的质量与你所收获的焦虑缓解效果息息相关，所以，切不可偷懒。

第三，保证每一个阶段模块的完整性。就好像我们去医院看病，医生给我们开药是要求我们按疗程、按说明服药，同理，我们的这套心理训练体系也需要按阶段来完成。如果你在时间安排上有困难，那么建议你至少坚持完成一个完整阶段的学习，之后再找时间完成下个阶段的学习，以保证内容上相对的完整性和连贯性，这样效果才能有保障。认真和坚持是成功的基础，半途而废无法带给我们理想的收效。自我疗愈这件事，尤其值得我们为此付出努力。

好了，以上就是我们在开始前所需要了解的全部内容。

亲爱的你准备好了吗？现在，就让我们一起开始这次意义非凡的自我疗愈之旅吧！

目录

阶段 1 焦虑突围：走出高敏感和心理内耗

➡ 你为什么焦虑，如何缓解焦虑　　3
　第1节 理解焦虑的深意
　　　——"我怎么了？该怎么办"　　4
　第2节 找到焦虑的成因
　　　——"我想要"和"不允许"　　8
　第3节 焦虑的缓解
　　　——"要向自己妥协吗"　　14

➡ 疗愈焦虑背后的心理创伤　　22
　第1节 原发性焦虑和焦虑泛化
　　　——"从只怕它，到什么都怕"　　23
　第2节 焦虑背后隐藏的心理创伤
　　　——"焦虑是伤痕在说话"　　27
　第3节 缓解心理创伤所引发的焦虑
　　　——"为自己的伤口温柔包扎"　　34

➡ 与"不安全感""高敏感"握手言和　　　　　41
　第1节 发现焦虑的深层核心
　　　　—— 发现"你内心深处隐藏的角落"　　42
　第2节 安全感与控制感的恢复
　　　　—— "你并非毫无办法"　　　　　　　46

➡ 摆脱"心理内耗"模式　　　　　　　　　　53
　第1节 逆转"高度自我关注"与"选择性负面关注"模式
　　　　—— "要命，生活到处都是问题！"　　55
　第2节 逆转"消极负面的自我催眠"模式
　　　　—— "坏事即将发生？"　　　　　　　62

阶段 2　原生家庭突围：疗愈原生家庭创伤

➡ 为什么你比别人容易焦虑：焦虑型人格与原生家庭创伤　　　　　　　　　　　　　　　　　71

➡ 摆脱控制，活成你自己　　　　　　　　　　81
　第1节 原生家庭的"控制型模式"及其影响
　　　　—— "我不敢，我必须"　　　　　　　82
　第2节 活成你自己
　　　　—— "我可以"　　　　　　　　　　　93

第3节 "控制型模式"的变体：软控制
——"爱我就要服从我" 110

第4节 拥有"你说了算"的人生
——"不做提线木偶" 116

走出自我否定，重建自信 120

第1节 原生家庭的"指责型模式"及其影响
——"都是你不好" 121

第2节 走出自我怀疑与自我否定，重建内在力量
——"我，就是最好的自己" 128

第3节 整合你内在的"指责型模式"，实现自我的成长与关系重建
——"我想爱你而不伤害你" 140

修复安全感，重建你的生活 149

第1节 原生家庭中的"忽略型模式"及其影响
——"不要离开我，我好怕" 150

第2节 修复安全感，重建你的生活
——"你是被爱的，睁开眼睛看周围" 159

修复边界，放下不该承受之重 170

第1节 原生家庭中的"角色错位"及其影响
——"为什么我活得比别人累？" 171

第2节 明晰边界，放下你生命中的"不该承受之重"
——"学会说不！" 178

阶段 3　心理内耗突围：逃离焦虑星球，重建身心平衡

- ➡ 催眠和冥想：告别混乱，回归安宁　　191
- ➡ 身心放松冥想：能量光球的疗愈　　199
- ➡ 睡眠修复催眠：满船清梦压星河　　203
- ➡ 放松减压催眠：短时高效大脑放松　　207
- ➡ 放松减压催眠：心灵花园　　211
- ➡ 安全感修复催眠：与内在小孩和解　　215
- ➡ 安全感修复催眠：守护天使　　219
- ➡ 内在力量感提升催眠：生命之树　　223
- ➡ 自信重塑催眠：公众演讲场景　　227
- ➡ 自信重塑催眠：人际交往场景　　231
- ➡ 自信重塑催眠：异性交往场景　　235

1
阶段

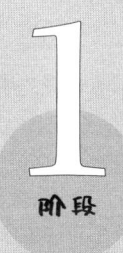

焦虑突围：
走出高敏感和心理内耗

在第一阶段的课程里，我们将从四个方面来探讨焦虑的形成及焦虑的缓解办法：

♡ 通过探索焦虑赖以生存的心理资源，找到引发焦虑的心理冲突，进而针对这个心理冲突做出调整和处理，帮助缓解焦虑；

♡ 根据焦虑所处的不同阶段，回溯到初始阶段去寻找焦虑背后的心理创伤，对心理创伤做出处理，帮助恢复安全感和控制感，帮助缓解焦虑；

♡ 通过向内觉察找到焦虑的深层核心，针对焦虑的核心做"灾备方案"，进一步实现安全感和控制感的恢复，深入缓解焦虑；

♡ 针对引发焦虑的三个思维定势——高度的自我关注、选择性的负面关注、消极负面的自我催眠——进行心理逆转练习，建立新的、健康的心理模式，摆脱焦虑的心理轨迹。

你为什么焦虑,如何缓解焦虑

➡ 课前提要

在第一阶段的课程里,我将带领大家探索三个方面的内容。

第一,你的焦虑为什么一直好不了?该如何看待你的焦虑,如何处理跟它的关系?

第二,你的焦虑是怎么产生的?到底是哪个环节出了问题?

第三,针对焦虑的成因,找到具体办法缓解焦虑。

第1节

理解焦虑的深意

\ "我怎么了？该怎么办" /

在我的咨询室里，来访者们最经常提起的是焦虑所引起的躯体症状。比如说，焦虑发作的时候那种心慌心悸的感觉，呼吸困难、头晕头痛、腿软，好像路都走不稳，担心自己下一刻就会晕倒。更为严重的会肢体发麻、眼前发黑、不能动弹，甚至有濒死感。这些症状都是我们所害怕的，我们特别希望它能赶紧停止，不要再折磨我们。

然而我想告诉你，焦虑的产生是有原因的，并且它是为了保护你才会出现的。比如，因为对健康的焦虑，你可能会频繁体检，加强身体锻炼，还有可能改善自己的饮食习惯，而这一切都会切实提升你的身体素质。又比如，在因担心迟到而产生焦虑时，你可能会提前做好更充分的准备，让自己第二天可以准时到达。适度的焦虑，带给我们的好处显而易见。

但过度的焦虑也会带给我们"好处"吗?

在心理咨询里,我们常说一句话:所有的症状对于当事人而言,都是"有好处的"。这种"好处"指的是我们将"潜在获益"。

我举几个例子,你就明白了。

我的来访者A先生是一个私营企业主。创业这些年来,他非常辛苦,常年在外出差,经常加班到深夜,一年到头都没有好好休息的时候。他说在焦虑症状发生以前,他最大的愿望就是能好好睡一觉,他实在太累了,经常觉得自己撑不下去了。自焦虑发作以后,他已经一年没有办法工作,只好把公司交给合伙人打理。他非常着急,希望自己赶紧好起来,让自己可以尽快重返职场。

我的来访者B女士是一个5岁孩子的妈妈。一方面,她看别人的孩子都上这样那样的补习班,心里非常着急,生怕自己的孩子输在起跑线上,所以也给孩子报了很多补习班。另一方面,她发现孩子学得很痛苦,经常抱着她哭,她内疚且自责,觉得自己小时候就是这样,被爸妈逼着痛苦地学习,因此更不应该再让孩子重复自己童年的不幸。这种纠结持续了一段时间,她开始出现焦虑症状。在这之后,她也顾不上带孩子上补习班了,总担心自己的身体,天天往医院跑,所有的心思都放在治病上。

我的来访者 C 同学是一个中学生。前不久，C 同学的妈妈刚生了弟弟，全家人的关注都集中在了弟弟身上。之后他开始出现焦虑症状，频繁地心慌心悸、头晕害怕，上学需要父母接送，甚至晚上睡觉都需要父母陪伴。他感到非常痛苦，希望赶紧好起来，回到正常的生活。

从这三位来访者身上我们不难看出，虽然焦虑确实带给了他们痛苦，但似乎也带给了他们"好处"。比如说：A 先生，在焦虑发生以后终于可以休息了，不用上班了；B 女士，在焦虑发生以后，她终于不用勉强孩子去上补习班了，也因此避免了之前的内疚和自责；还有 C 同学，在焦虑发生以后，全家人的关注点从弟弟身上又回到了他身上，他又享受到了父母的陪伴和照顾。

当然，我们也会发现，这些"好处"并不是当事人主动寻求的，他们并不希望自己焦虑，只是一不小心，通过焦虑的症状而获得了这些"潜在获益"。此后，焦虑的症状就延续下来了。

> **练习**
>
> 自我察觉，焦虑带给了你一些怎样的"潜在获益"？

找到焦虑带来的"潜在获益"以后，我们也就不难理解为什么焦虑让我们这么痛苦而我们却无法消灭它了。原来，它对我们是有保护作用的，是有意义和贡献的。既然它对我们有"好处"，我们自然舍不得丢掉它。也就是说，消灭焦虑是不可能的，我们能做的只是缓解焦虑，用一种温和的方式跟它共存，减少焦虑症状带给我们的痛苦。

明确了这个大方向以后，接下来，我们再来看看焦虑是怎么产生的，思考到底是哪个环节出了问题。

第2节

找到焦虑的成因

"我想要"和"不允许"

想要缓解焦虑,我们需要先找到焦虑的成因,这样才能有针对性地对这个成因做出调整。接下来,让我们戴上"显微镜"来观摩一下这三位来访者的思维过程,看看问题到底出在哪里。

A先生的思维过程:

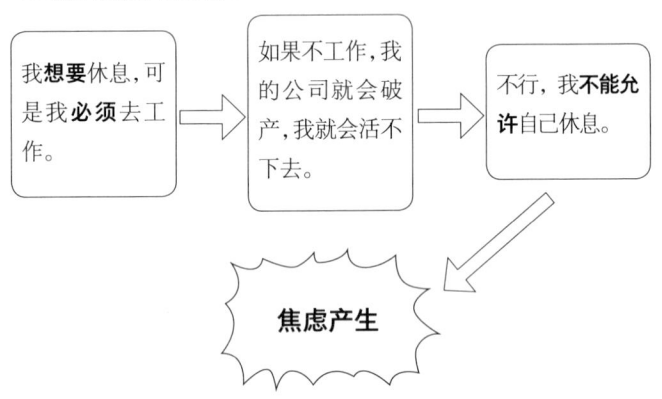

| 我**想要**休息,可是我**必须**去工作。 | → | 如果不工作,我的公司就会破产,我就会活不下去。 | → | 不行,我**不能允许**自己休息。 |

↓

焦虑产生

B 女士的思维过程：

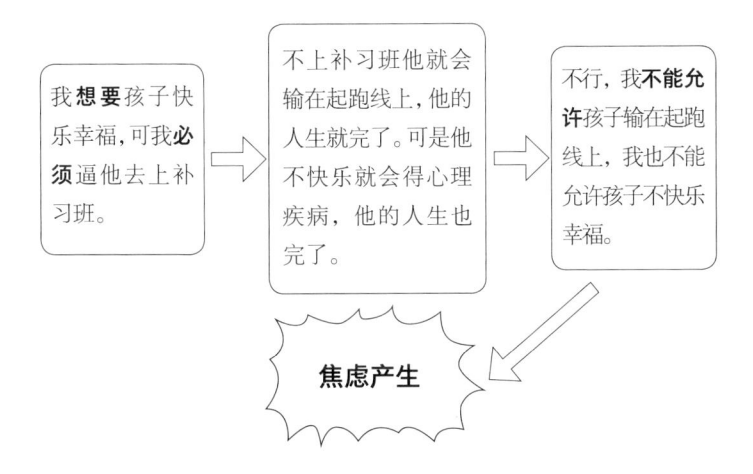

我想要孩子快乐幸福，可我**必须**逼他去上补习班。 ⇒ 不上补习班他就会输在起跑线上，他的人生就完了。可是他不快乐就会得心理疾病，他的人生也完了。 ⇒ 不行，我**不能允许**孩子输在起跑线上，我也不能允许孩子不快乐幸福。

焦虑产生

C 同学的思维过程：

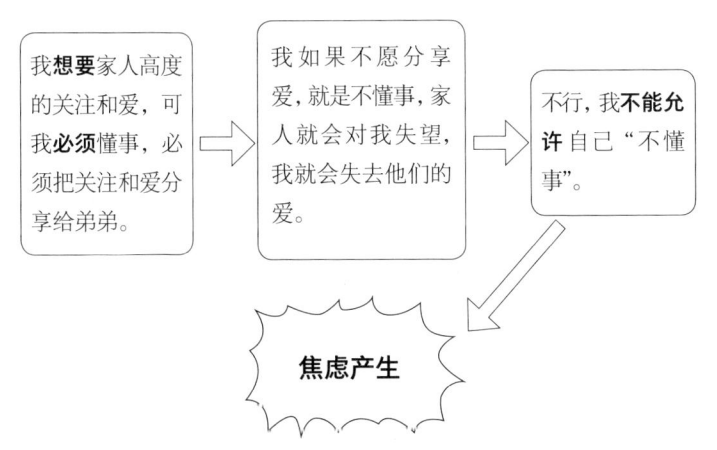

我**想要**家人高度的关注和爱，可我**必须**懂事，必须把关注和爱分享给弟弟。 ⇒ 我如果不愿分享爱，就是不懂事，家人就会对我失望，我就会失去他们的爱。 ⇒ 不行，我**不能允许**自己"不懂事"。

焦虑产生

分析完他们的思维过程，你是否留意到了其中的几个关键词——"我想要"、"我必须"及"不允许"。

"我想要"指的是我们内心隐藏的愿望（在心理学里，我们把它叫作"潜意识层面的心理需求"）；"我必须"指的是我们内在对自己的要求（在心理学里，我们把它叫作"意识层面的自我要求"）；而"不允许"则意味着，以上二者发生了冲突与对抗。

把这三个关键词联系在一起，就是我们焦虑产生的心理原因："我想要"和"我必须"这二者发生冲突与对抗，从而产生了"不允许"，在心理学里，这一过程源于潜意识层面的心理需求与意识层面的自我要求形成了冲突与对抗。

心理学小贴士

精神分析学之父西格蒙德·弗洛伊德（Sigmund Freud）认为，在我们的意识深处，有一处从未被留意过的隐秘版图，那里有着未知的强大的力量，而我们对它的了解始终极其匮乏——就好像漂浮在大海上的冰山，露出海面的意识部分不过十之一二，还有十之八九隐藏在海面之下，却无时无刻不在控制和影响着我们——那隐藏起来的巨大山体，就是潜意识。潜意识是我们整个意识结构的幕后主宰。人类所有的行为、想法和感受统统受到它的影响和掌控。

简而言之，意识就是我们日常可以察觉到的自我想法。而潜意识，就是我们日常察觉不到却对我们的行为产生决定性影响的隐秘意识结构。

焦虑的产生，往往是由于潜意识里的心理需求与意识层面的自我要求产生了冲突，于是导致了我们内心的种种挣扎和痛苦。

毫无疑问，在这个过程中，"不允许"是引发冲突和对抗的关键点。那么为什么会"不允许"呢？仔细观察你会发现，在"不允许"的背后，其实都有着一系列我们自己想象出来的"极端危险假设"。

比如：

A先生的"极端危险假设"：如果我休息，我的公司就会破产，我就会活不下去。

B女士的"极端危险假设"：不上补习班孩子就会输在起跑线上，他的人生就完了。可是他不快乐就会得心理疾病，他的人生也完了。

C同学的"极端危险假设"：我如果不愿分享爱，就是不懂事，家人就会对我失望，我就会失去他们的爱。

正是这样的"极端危险假设"给他们带来了空前的不安全感，让他们不能允许自己的心理需求（"我想要"）得到满足，同时他们不断地逼迫自己去实现那些自我要求（"我必须"），因此才引发了心理上的冲突和对抗，也正是这样，才导致了焦虑的产生。

练习

请你通过三个关键词"我想要""我必须""不允许",找到焦虑产生的原因。(找到潜意识层面的心理需求与意识层面的自我要求,以及二者所形成的冲突与对抗到底是些什么)

"我想要"

○ ……………………………

○ ……………………………

○ ……………………………

"我必须"

○ ……………………………

○ ……………………………

○ ……………………………

"不允许"

● ……………………………

● ……………………………

练 习

接下来，找到"不允许"背后潜藏的"极端危险假设"。（你为什么不能允许自己满足"我想要"，你到底害怕的是什么）

"极端危险假设"

- ....
- ....
- ....

　　通过以上练习，我们找到了焦虑产生的原因。接下来要做的，就是教大家如何缓解焦虑。

第3节

焦虑的缓解

"要向自己妥协吗"

通过上一节的课程和练习,我们已经察觉到了"极端危险假设"所带给我们的不安全感是引发焦虑的关键。所以,接下来我们要做的事就是解构"极端危险假设",尝试动摇这个假设的权威感,质疑它的真实性,由此缓解心理上的紧张,降低我们的不安全感,进而缓解潜意识层面的冲突与对抗。

当我们能够把"不允许"逐渐变成"部分允许",以及"越来越多的允许"的时候,心理层面的冲突与对抗也就得到了缓和,我们的焦虑也就能自然缓解了。

具体怎么做呢?下面我就来教给大家。

首先,记住以下三个问题,它们可以帮你解构你的"极端危险假设":

1. 事情一定会这样吗？

2. 事情还有没有其他可能？

3. 当下的现实是怎样的？这种想法（担忧）有没有可能只是你的想象？

问完这三个问题后，跟自己讨价还价，商议出"折中方案"，实现"部分允许"。

以上，就是焦虑缓解的完整过程。下面，我带着大家来演练一轮。

♥ A先生的焦虑缓解

问：如果你休息了，公司就一定会破产吗？

A先生：也不"一定"，公司还有合伙人，他们也可以代替我一阵子。

问：除了破产，事情还有没有其他的可能？

A先生：也有，如果这个项目实在做不下去就不做了，转一个项目，或者另外成立一个公司重新开始，也是可以的。

问：当下的现实是怎样的？"如果我休息了，公司就一定会破产"，这种想法有没有可能只是你的想象？

A先生：现头是，焦虑以后我已经一年多没管公司了，它仍在运转，虽然发展得没有那么好，但也没有很糟……是的，这确实是我的想象。即使我休息一段时间，公司也不会破产。

问：有没有折中一点的方案，让你既可以休息，又不至于担心公司破产？

A先生：目前来看，公司没有我大概还能撑半年吧。那就折中一下，我再休息三个月，这期间彻底放松，之后状况好了就上班，不好就再休一个月。或者我也可以上一个月的班休息一个月，交替着来，这样过渡一段时间也行……（后续继续探讨各种折中方案）

说到这里，请你模拟一下A先生的心理感受，此刻你是否觉得焦虑感有所减轻？当我们解构了"极端危险假设"，进而跟自己做沟通和妥协，实现了"部分允许"之后，焦虑感也就随之得到了减轻和缓解。

同样，B女士和C同学也通过这个过程实现了焦虑的缓解。

♥ **B女士的焦虑缓解**

问："不上补习班孩子就会输在起跑线上，他的人生就完了。可是他不快乐就会得心理疾病，他的人生也完了"，事情一定是这样的吗？

B女士：也不一定。有很多小孩没有条件上补习班，后来也成才了。而且我小时候也不快乐，虽然现在承受心理痛苦，但不至于严重到"人生全完了"的地步。

问：除了上补习班，还有没有其他的可能性帮助孩子更好发展呢？

B女士：也有，比如多带他去博物馆、科技馆，让他受到艺术熏陶，培养他的兴趣爱好。还有我们父母努力奋斗，为他创造更好的物质条件，未来争取搬家去更好的城市，送孩子去更好的学校读书，等等，还是有很多其他方式的。

问：当下的现实是怎样的？"不上补习班孩子就会输在起跑线上，他的人生就完了。可是他不快乐就会得心理疾病，他的人生也完了"，这种想法有没有可能只是你的想象？

B女士：现实是小孩子才5岁，还没开始起跑，不存在输赢。他不快乐也只是因为补课这件事，其他时间都是快乐的，不存在心理疾病。他当下一切都很好，并不是"人生全完了"，这个担忧确实是我的想象。

问：有没有折中一点的方案，让孩子开心一点，你也安心一点，不会总担心他"输在起跑线上"？

B女士：那就少补几门课，只让他学最主要的两门就好。或者，他如果实在不愿意，那今年就先不学，等明年再让他学……（后续继续探讨各种折中方案）

❤ C同学的焦虑缓解

问："我如果不愿分享爱，就是不懂事，家人就会对我失望，我就会失去他们的爱"，事情一定是这样的吗？

C同学：也不一定。我也是爸爸妈妈亲生的孩子，他们是爱我的。

问："如果我不懂事，我就会失去他们的爱"，事情还有没有其他可能性?

C同学:可能他们会暂时生我的气,然后又不生气了。或者骂骂我,然后就没事了。以前我犯了错都是这样的,他们不会很长时间都生气。

问:当下的现实是怎样的?"我如果不愿分享爱,就是不懂事,家人就会对我失望,我就会失去他们的爱",这种想法有没有可能只是你的想象?

C同学:当下爸妈对我都很关心,从我焦虑以后,他们一直带着我到处看病,耐心照顾我。是的,这些只是我的担心和想象。

问:有没有折中一点的方案,让你既能得到父母的爱和关注,又显得懂事?

C同学:可以让爸妈每周留出固定的时间陪我,其他时间让他们去带弟弟。此外,或许我可以分担一些家务,比如爸爸做饭的时候我去帮厨,这样爸爸又可以陪我聊天,又觉得我懂事,会更喜欢我。或者我也可以帮他们照顾一下弟弟,换他们休息,他们休息好了更有精力陪我,也会觉得我更懂事……(后续继续探讨各种折中方案)

以上,就是我们解构"极端危险假设",跟自己做沟通和妥协,实现"部分允许"以帮助焦虑缓解的整个过程。你学会了吗?

让我们通过练习来试一试吧。

练习

焦虑的缓解

解构"极端危险假设",找到"折中方案"以实现"部分允许":

事情一定会这样吗?

-
-

事情还有没有其他可能性?

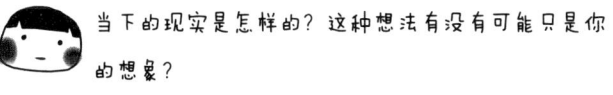

-
-

当下的现实是怎样的?这种想法有没有可能只是你的想象?

-
-

练 习

跟自己讨价还价，商量出"折中方案"，实现"部分允许"。

- ....
- ....

（讨价还价的过程很重要，你要尽量为自己争取最大化的利益。比如说，我不想上班可不可以？不可以，因为我不上班就没有饭吃，我需要养活自己。那么我最多可以几天不上班？两天吗？那好的，我就先允许自己休息两天，可不可以？……这就是所谓的"部分允许"，像哄孩子一样，尽可能"惯"着自己，尽量满足自己的心理需求。）

完成练习以后，请认真感受一下：你的焦虑有所缓解吗？

注意事项

在这个过程中，需要特别注意一点：不要试图去控制或者征服你的"焦虑"。正如前面我们所说，焦虑本就因为冲突和对抗而产生，对抗的姿态不但不能消灭它，反而会让它变得更强大。就像你所留意到的，越想控制焦虑症状，它就会让你越失控。你越逼迫自己去做"我必须"的事，焦虑就越让你什么都做不了。所以，我们真正要学习的是——妥协。放下苛求，向自己服个软，学着允许自己更多地照顾和宠爱自己，与自己握手言和。

后续延伸练习

回家写两个大字"允许"，贴在你最容易看见的地方。每当你看见它，就尝试去允许自己做一件自己想做的事情（当然了，违背道德人伦的事不包括在内），去享受其中的宠溺和放松，仔细体会其中的快乐，并暗示自己，我可以。

后续思考

这几天你允许自己做了一些什么事？你的感受怎样？

疗愈焦虑背后的心理创伤

> **课前提要**

　　上一节课里我们探讨了焦虑产生的原因及焦虑缓解的初步办法。这节课，我们会帮助大家定位自己的焦虑所处的阶段：是原发性焦虑还是焦虑泛化？继而找到焦虑背后更深层的心理成因——心理创伤，并教给大家一套简单易行的、可以自我缓解心理创伤的办法，以帮助大家更好地应对焦虑。

第1节

原发性焦虑和焦虑泛化

"从只怕它,到什么都怕"

你可能会留意到,同样处于焦虑状态,有些人只对特定的事情感到焦虑,而另一些人则对更为广泛的事情感到焦虑。这就是本节我们要教大家识别的要点:你的焦虑到底是原发性的焦虑,还是泛化的焦虑?只有清楚地定位到原发性焦虑,我们才能找到其背后的心理创伤,才能对心理创伤做出干预。

所谓"原发性焦虑"是指,针对某特定对象或事件所产生的具体的焦虑。而"焦虑泛化"是指,不仅仅局限于某特定对象或事件,更为广泛的、关联性不太强的对象或事件也会引起当事人的焦虑。

我举几个例子你就明白了。

我的来访者 F 小姐总担心男友出轨。她总忍不住翻看男友手机，一旦发现他与女性的聊天记录，即使内容很平常，她也会格外紧张。她会反复盘问男友，要求男友澄清并发誓永远不会出轨。虽然她也知道男友是专一的，却无法停止担心和不安。

我的来访者D女士有强烈的疑病焦虑，总担心自己患癌。最开始她担心自己会得胃癌；后来又担心会得乳腺癌；小便的颜色深，会不会得肾癌；脖子有点粗，会不会是甲状腺癌，等等。为此，D女士常年奔波于各大医院做各种检查，虽然结果都正常，但她却一直无法停止担心。

我的来访者E先生突发社交恐惧，最开始是不能见领导，一见领导就心慌害怕、腿软。渐渐地，他看见别人也开始紧张，怕看对方的眼神，总觉得对方都在等着看他的笑话，怕自己会腿软摔倒，然后被别人嘲笑。为此，待在家里已一个月不敢出门。

接下来，让我们仔细来分解一下这三位来访者的焦虑过程。

F小姐的焦虑：担心男友出轨（原发性焦虑）。

D女士的焦虑：担心会得胃癌（原发性焦虑）——担心会得其他癌症（焦虑泛化）。

E先生的焦虑：害怕见领导（原发性焦虑）——害怕见其他人（焦虑泛化）。

通过以上解析，我们可以看到 D 女士和 E 先生似乎比 F 小姐的焦虑多出了一个阶段。在焦虑的第 1 个阶段——原发性焦虑时期，我们的焦虑聚焦在某一个特定的点上，但是在第 2 个阶段——焦虑泛化时期，焦虑就扩大了，会波及一些并不直接相关的对象和事情，这个时候焦虑的状况就变得更为复杂了。

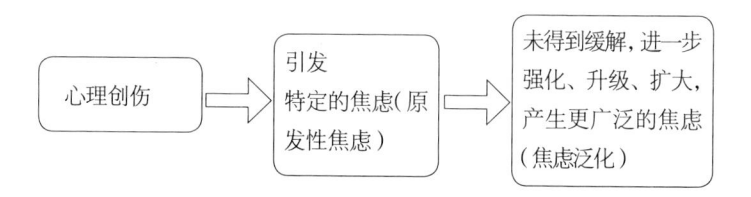

心理创伤 ⇒ 引发特定的焦虑（原发性焦虑）⇒ 未得到缓解，进一步强化、升级、扩大，产生更广泛的焦虑（焦虑泛化）

通常而言，焦虑的完整进展过程其实是这样的：

所以，要实现焦虑的深层缓解，我们需要依照焦虑的进展过程逆行往回：

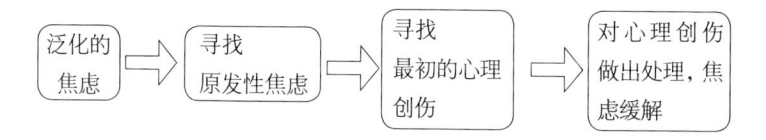

泛化的焦虑 ⇒ 寻找原发性焦虑 ⇒ 寻找最初的心理创伤 ⇒ 对心理创伤做出处理，焦虑缓解

接下来，就让我们通过练习来定位你的焦虑及其阶段吧。

练习

当下,你最担心害怕的是什么事(哪些事)?

- ....
- ....

回忆一下,在焦虑刚产生的时候,你最担心的是什么事?(你的原发性焦虑)

- ....
- ....

现在的焦虑和最初的焦虑范围一样吗,有没有扩大?(察觉你的焦虑有没有泛化)

- ....
- ....

通过以上练习,找到你的焦虑及其所处的阶段。不管此刻你处于原发性焦虑的阶段,还是焦虑泛化的阶段,接下来,我们都需要找到引起焦虑的最初心理创伤事件,并对它做出处理,这样才能帮助你深层次地缓解焦虑。

第2节

焦虑背后隐藏的心理创伤

\ "焦虑是伤痕在说话" /

弗洛伊德认为，所有心理问题，所有的心理症状背后，都隐藏着我们曾经的心理创伤。

什么是心理创伤呢？简单来说，就是那些曾经对我们造成心理伤害的事件——事情发生的当时，带给你很大的心理冲击，即使事情已经过去，你仍然会时不时回想起来，仍然会身临其境地感受到当时那种强烈的不安全感。

中国有句古话叫"一朝被蛇咬，十年怕井绳"，说的就是心理创伤所引发的焦虑。被蛇咬这个创伤事件虽然是一次性的，却能让一个人在十年的漫长时间里，仍为此感觉到不安和焦虑，可见心理创伤的力量有多强大。

其实，焦虑背后潜藏着我们的心理创伤，只是很多时候我们没有意识到。

那该如何发现焦虑背后的心理创伤呢？很简单。只需要针对我们的"原发性焦虑"，去问一个"为什么"，就能找到它了。

继续借用以上例子，我们来追溯这三位来访者的心理创伤。

❤ F小姐

问：你为什么会这么担心男友出轨呢？

F小姐的心理创伤：在他以前，我曾经交过另一个男友。我们相处了很多年，结果有一天我突然发现他出轨，在我毫无察觉的情况下，他居然已经和那个女人交往两年了。后来我们分手，他就和那个女人结了婚。从那以后，我不再敢相信男人。一恋爱就担心男友出轨，担心自己像当年一样，蒙在鼓里像个傻瓜，怎么被人抢了男朋友都不知道……

❤ D女士

问：你为什么会担心得胃癌呢？

D女士的心理创伤：三年前，我一个同事得了胃癌。我们去他家里看他，他瘦得皮包骨头，什么东西都吃不了，看见我们就掉眼泪，样子特别可怜。我当时心里就想，我可千万不能得这个病，太惨了。他家老太太说，他是因为总吃外卖才这样的。我当时一听就吓坏了，我也天天吃外卖呀。后来上网一查，还真是有好多人说这个事儿。我就越想越害怕，开始担心自己会得胃癌……

❤ E先生

问：你为什么会看见领导就心慌害怕呢？

E先生的心理创伤：这个领导特别像我中学时候的一个老师。那个老师特别凶。有一次我军训的时候，走路姿势不对，他就吼我、骂我，还跟着我，我走一步，他踹我一脚，最后把我踹倒在地上，我哭了，全班同学还一起哄嘲笑我。从那以后，我看见这个老师就害怕，就腿软、站不稳。毕业以后，离开学校这个问题就好了。最近，我们单位调来了这个新领导，我一看见他就想起了当年那个老师，我害怕他会像那个老师一样对我……

经由以上三个例子，你有没有发现：焦虑最初发生的时候，我们其实不在当下，而是在最初那个心理创伤发生的时刻。我们感受到的，是来自当时的心理冲击和无能为力的失控感，以及基于这种失控感的延伸想象（类似的创伤事件可能会再次发生于我现在的生活里）。所以，想要真正缓解焦虑，就要让记忆回到心理创伤发生的那一刻，以帮助我们恢复控制感。具体的操作方法，我会在下一节内容中告诉大家。现在我们要做的是，通过以下练习找到我们自己焦虑背后的心理创伤。

练 习

找到你的心理创伤事件。

在上一个练习中,我们已经找到了自己的"原发性焦虑"。现在,请你在"原发性焦虑"之前,问自己一个"为什么":为什么你会如此担心害怕这件事呢?把背后的故事写下来,这个故事就是你的心理创伤事件。

在下一节内容里,我会教大家如何处理这个创伤事件。

-
-
-
-
-
-
-

答疑

1. 找不到创伤怎么办？

可能有一些朋友会出现这种情况，能感受到自己的焦虑，却无论如何也回想不起自己的心理创伤。这种情况是正常的，也很常见。在心理学上我们把这种现象叫作创伤性遗忘，又叫作保护性遗忘。

我们人类的潜意识是非常智慧的。出于保护自身的目的，潜意识常常会让我们遗忘一些带给我们痛苦的记忆。比如说，我们常常会听到这样的故事。老爷爷在老奶奶去世后突然失忆了，想不起来奶奶已经去世的事实，依然每天去他们散步的公园找那位老奶奶。又或者，有时我们跟感情很好的亲人或朋友吵架，当时非常生气伤心，但事后却回忆不起来吵架的细节。这些都是创伤性遗忘。它是潜意识对我们的保护，把心理创伤暂时封存起来，埋藏到潜意识深处，以减轻我们的痛苦。但创伤性遗忘并不是真正的遗忘，在相似的创伤场景产生的时候，或者在某些不经意的瞬间，它又会再度浮现出来。就好像你偶尔会突然想起一段多年以前的记忆，而在此之前你以为自己已经完全遗忘它了；或者，一些人在和配偶吵架的时候会"翻旧账"，其实也是因为相似的创伤情绪唤起了之前的创伤记忆。

如果你在练习中,一时回想不起自己的心理创伤事件,没关系,换个时间再试,多尝试几次,会慢慢找到的。

2. 生活中都是小事、琐事,也会有心理创伤吗?

有些朋友可能以为,创伤事件应该是一些大事、重大灾难性事件。其实不然,我们生活中的创伤事件往往是一些小事、生活琐事。比如,父母冤枉你偷了家里的钱让你很委屈,或者老师瞪了你一眼让你很害怕,或者同学孤立你让你很伤心……只要是对你产生了重要心理影响的事件,即使是小事、琐事,它们也是心理创伤,需要得到我们的重视。

3. 为什么有些事情并非我们亲身经历,只是耳闻或目睹,却也成为我们的心理创伤呢?

人类这个物种,之所以经过几百万年的进化而生存至今,和我们的一项独特能力分不开,那就是超强的"共情能力"。当你在看影视剧的时候,剧中的人物伤心痛苦,你也会跟着掉眼泪;当你看一些灾难现场的视频时,里面的人受伤了,隔着屏幕你都会觉得疼。正是因为有这样的共情能力,我们不需要自己亲身去经历这些痛苦,而只需要通过耳闻目睹的方式就能习得经验和教训,这就大大节省了学习成本。人类以这样的方式实现经验互通,可以更好地趋利避害,保护整个种群的延续和发展。

但是这项能力有时也会带给我们困扰。比如，我在咨询中常听来访者提道：看见新闻里地震灾区的报道，就害怕自己的城市也会发生地震；身边的人查出了重疾，就担心自己也会患病；在马路上目击了交通事故，就吓得再也不敢过马路。这些都是耳闻或目睹灾难信息而带给我们的心理创伤。虽然并非亲身经历，在潜意识层面，我们却把自己和灾难的受害者联系到了一起，产生了过度的共情。在心理学上，我们把这种过度的共情叫作"过度卷入"或者是"共情性创伤"。

所以，心理创伤不一定必须是自己亲身经历的事情，耳闻或目睹都可以形成心理创伤。

4. 心理创伤过于严重，一旦回想起来就极其崩溃、极其痛苦，该怎么办？

这种情况可能已经超出我们自己可以调适处理的范畴了，有可能是"创伤后应激障碍"（Post-Traumatic Stress Disorder, PTSD）。创伤后应激障碍是指个体经历、目睹或遭遇一个或多个涉及自身或他人的实际死亡，或受到死亡的威胁，或受伤严重，或躯体完整性受到威胁后，所导致的个体延迟出现和持续存在的应激相关障碍。PTSD的核心症状有三组，即创伤性再体验症状、回避和麻木类症状、警觉性增高症状。如发生类似状况，建议尽快就医，或者寻求专业的一对一心理咨询和帮助。

第3节

缓解心理创伤所引发的焦虑

\ "为自己的伤口温柔包扎" /

通过上一小节的练习，我们找到了焦虑背后的心理创伤，接下来我们要做的是，帮助大家缓解心理创伤带给我们的焦虑。

为什么是"缓解"而不是"消除"这个影响呢？因为，我们每个人其实都是带着心理创伤去生活的。在岁月里，真实发生过的事情不可能磨灭。就好像你身上的伤口已经愈合，它也会留下一道疤，天晴下雨也会时不时疼一阵。所以，我们的任务不是去消灭创伤，而是找到一个跟它相处的方式，只要它不带给你太多的痛苦，不影响你的正常生活就可以了。我们是有能力跟心理创伤很好地长期共存的。所以，在这里，我希望教给大家的是一套自己可以操作的缓解创伤性焦虑的办法，帮助你通过自我调节实现焦虑的减轻和舒缓。

在上一小节里我们提到，焦虑发生的时候，我们其实不在当下，而是在最初那个心理创伤发生的时刻，我们感受到的是来自创伤当时的心理冲击和失控感。换句话说，在焦虑发生的时候，我们其实沉浸在自己对于心理创伤的延伸想象里。

我们的大脑有一个独特的 bug（缺陷）——我们其实分不清想象和现实，我们常常以为自己想象的就是真的。比如，你认为这个人对你有意见，你揣测他对你的看法，然后你会信以为真，觉得他就是这样看待你的。你在网上看到一条新闻，会发现评论区人们的观点各不相同，他们还互相争执，都觉得自己是对的。其实大家谁都不了解事件的全貌，却都对自己的观点和想象深信不疑。所以，很多时候我们对事情的想象和预判并不准确。尤其是在焦虑的时候，如果你留意便会发现，你担心害怕的事情绝大部分并没有真的发生，它们只是在你的想象中发生过而已。

所以，对于缓解焦虑，我们需要做的第一件事就是，通过自我暗示，使自己从想象的恐惧中回到现实，初步恢复控制感。

在焦虑发生的时候，实施以下这段心理暗示，并且重复三次以上：

……（我的心理创伤事件）已经是……（时长）以前的事情了，它已经过去了。此时此刻我真实的现状是……，此刻我是安全的。

继续借用前文三位来访者的例子。

F小姐：男友出轨已经是上一段恋情的事了，它已经过去了。此时此刻我真实的现状是男友对我很专一，此刻我是安全的。

D女士：同事患癌已经是三年前的事了，它已经过去了。此时此刻我真实的现状是身体健康没有疾病，此刻我是安全的。

E先生：我被老师欺负已经是中学时代的事了，它已经过去了。此时此刻我真实的现状是新领导并没有这样对我，同事对我也都很友善，此刻我是安全的。

练习

安全感恢复。

请你模仿以上这一段话的结构，给自己写一段心理暗示。写完以后，闭上眼睛，在心里把这段话默默重复3遍以上。做完以后，去感受一下，此刻的内心感受，是不是逐渐安定下来。

- _____
- _____
- _____

接下来我们要重点关注的是控制感的恢复。我们为什么焦虑？因为"失控"——觉得整个局势是自己无法控制的，不管怎么做都没有办法确定地保护到自己。因此，在焦虑的时候你会想些什么呢？你会不断假设每一种危险的可能性，以及不断寻找应对方案（在此情况下自己该怎么办）。当你找到应对方案的时候，你的控制感会得到一定程度的恢复，你就会觉得安定一些。而过不了多久，你又会开始设想下一个危险的发生，又接着设想下一个应对方案。在这个不断循环往复的过程中，你只在做一件事，那就是"控制感的恢复"。只有控制感得到有效恢复，你的焦虑才能得到有效缓解。

那如何恢复控制感呢？教大家一个有效的办法，那就是做灾备方案（灾难后备方案）。把你能想到的所有最坏的可能性全部写下来，列出一个清单，然后在后面问自己两个问题：

（1）我可以做些什么防止这种可能性发生？

（2）假如最坏的可能性真的发生了，至少我可以做些什么以最大限度地保护自己？

继续借用前文三位来访者的例子。

❤ F小姐

问：我可以做些什么防止（男友出轨）这种可能性发生？

F小姐：我要对男友更好，让他更依赖我、更爱我，这样他出轨的概率就更小。

问：假如最坏的可能性真的发生了（他真的出轨了），至少我可以做些什么以最大限度地保护自己？

F小姐：我现在经济上不够独立，很大程度依赖他。或许我该换一份工作，多挣一点钱，这样即使他出轨了，至少我还能给自己提供物质保障。

❤ D女士

问：我可以做些什么防止（患癌）这种可能性发生？

D女士：坚持锻炼，健康饮食，身体好就不会患癌。

问：假如最坏的可能性真的发生了（真的患癌），至少我可以做些什么最大限度地保护自己？

D女士：近期我打算买一份商业保险，这样即使有一天我真的患癌了，至少有钱治病。然后每半年体检一次，这样即使真的有癌症也能尽早发现，早发现早治疗，不会拖到晚期……

❤ E先生

问：我可以做些什么防止（被领导欺负和被人嘲笑）这种可能性发生？

E先生：我可以申请换一个部门，不在这个领导手下做事。还可以尝试变得幽默一点，经常故意出丑逗大家笑一笑，这样即使真的出丑，大家也会以为我在故意搞笑，不会真的嘲笑我。

问：假如最坏的可能性真的发生了（被领导欺负和被人嘲笑），至少我可以做些什么以最大限度地保护自己？

E先生：如果这样的话，我就申请提前退休。尽管退休工资少一点，我还可以去做一点别的事，比如教孩子写书法呀，这些也能挣钱……

练 习

请你针对自己的焦虑，也去问自己这样两个问题，之后感受一下，此刻你内心是不是安定了许多呢。

-
-
-
-
-
-

延伸思考

除此之外，你还有没有自己独特的焦虑缓解办法？之前焦虑出现的时候，你是用哪些方法帮助自己缓解焦虑和平静下来的？试着去回想一下，把这些办法总结出来，以后可以继续用它们帮助自己。

我们每个人都是处理自己的问题的专家，我们是这个世界上最了解自己的人。从出生开始，你就跟自己待在一起，帮助自己解决了无数大大小小的难题。所以，这一次也一样，你有能力帮助自己处理焦虑这个问题，不要低估了自己的智慧。用心去寻找和总结你自己的办法，打造一套属于自己的焦虑缓解秘籍吧。

在练习的过程中，或许你会回想起一些与原生家庭有关的创伤，你可以把它们先记录下来，后续在第二阶段的学习当中，我们会系统地帮助你处理原生家庭议题。

与"不安全感""高敏感"握手言和

> **课前提要**

在前两课里，我们探讨了焦虑产生的原因，焦虑背后的心理创伤，并帮助大家实现了对焦虑的部分缓解。在本课的内容里，我们要继续带领大家探索焦虑的深层核心，帮助大家实现安全感与控制感的基本恢复，缓解焦虑。

第1节

发现焦虑的深层核心

发现"你内心深处隐藏的角落"

"你焦虑的到底是什么?"在心理咨询里,我会请我的每一位焦虑来访者仔细思考这个问题。得到的答案常常是这样的:

"我焦虑的是我的孩子,他现在还未成年,天天沉迷于网络,不爱学习,以后还怎么上大学,怎么找工作?没有一个好前途该怎么办?我天天焦虑得睡不着。"

"我焦虑的是我的健康。自从同事突然患癌去世,我就害怕自己长了肿瘤,经常跑到医院去检查。整个人都活得提心吊胆!"

"我焦虑的是我老公。自从上次他出轨以后,我就无法再信任他了。虽然他一直努力表现,对我对家人都很尽心,但我却总忍不住想翻看他的手机,对他周围的每一个女同事起疑心。一想到他可能再次出轨,我就坐立难安。"

没错，这些都是我们切实焦虑的内容。然而，它们只是我们焦虑的浅层表现。想要深入地解决焦虑，我们必须更深更近地去察觉它们，察觉潜意识深处的担忧和恐惧，把它们拉出来，跟它们对谈，这样才有机会与焦虑和解，握手言和。所以，你需要克服内心的恐惧和想要逃避的冲动，问自己一个问题——"假如我所害怕的情况真的发生了，会怎样？"把这个问题递进式多问几次，一直推导到自己最不愿面对、最无法承受的那个结局，那就是你焦虑的核心——你内心最深的恐惧。

我们来模拟其中一个案例的推导过程。

来访者F女士：我焦虑的是我的孩子，他现在还未成年，生活习惯这么差，天天沉迷于网络，不爱学习，以后还怎么上大学，怎么找工作？没有一个好前途该怎么办？

问：假如孩子没有考上大学，没有找到工作，没有一个好的前途，会怎样？

F女士：那他就会很惨啊。他会找我和他爸爸要钱。我和老公都是靠工资吃饭的人，以后退休金也很微薄，怎么经得起他来啃老！

问：假如他真的啃老，会怎样？

F女士：（哭泣）那我和老公都会过得很惨的。家徒四壁，生了病也没钱治，像那些独居老人一样，饿死在家都没人知道。

推导到这里，我们便可以看出，F女士内心真正的深层恐惧，并非如自己所以为的那样，即对儿子的担忧，而是对自己死亡的焦虑——担心自己会老无所依，最后孤独地死亡。

我们再来演示另一个案例的推导过程。

来访者C女士：我焦虑的是我的健康。自从同事突然患癌去世，我就对自己的健康格外关注。身上一疼，我就怀疑长了肿瘤，就十分害怕，赶紧跑到医院去检查。

问：如果你真的长了肿瘤，会怎样？

C女士：那我就会死啊！太可怕了。

问：如果你真的面临死亡，会怎样呢？

C女士：如果我死了，我的孩子该多可怜。她还那么小，她爸爸肯定会再给她找一个后妈，后妈能对她好吗？以后她的人生该多可怜……

推导到这里，我们便可以看出，C女士真正的内心深层恐惧，其实是对孩子的担忧——"我如果出现意外就没有办法好好保护我的孩子了，我的孩子可能是不安全的"。

经由这两个案例的推导，我们可以看出，很多时候，我们自己所察觉到的问题可能并不是焦虑的核心点。而在心理治疗中，只有找到问题真正的核心，再针对这个核心的焦虑点做出处理，才能帮助我们有效地解决焦虑。

因此，接下来我们要做的就是，找到自己焦虑的深层原因——最关键的核心焦虑点。在找到它以后，我们会在下一节教大家具体的处理办法。

与此同时，为了验证你所找到的是否真的是焦虑的核心点，你可以问自己这样一个问题："假如这个情况得以解决，我的内心会不会觉得安全很多？"

援引上边的两个案例，就是："假如你的晚年确定是安全的，即使孩子不成器，你也不会家徒四壁、饿死家中，这样的话，你会不会觉得安心很多？"以及"假如你的孩子确定是安全的，即使你发生了意外，她也可以平安顺利地长大，你是否会觉得安心很多？"如果你的答案是"我真的会觉得安心很多"，那么，你所找到的，就是你焦虑的核心点。

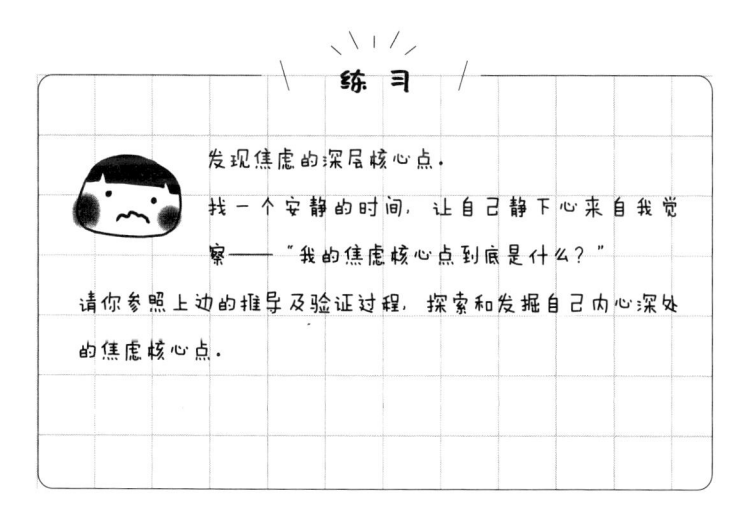

练习

发现焦虑的深层核心点。

找一个安静的时间，让自己静下心来自我觉察——"我的焦虑核心点到底是什么？"

请你参照上边的推导及验证过程，探索和发掘自己内心深处的焦虑核心点。

第2节

安全感与控制感的恢复

"你并非毫无办法"

通过上一节的练习,我们找到了内心深处焦虑的核心。在这一节当中,我将与大家分享一个重要的应对方法——"灾备计划法"。

"灾备计划"我们在上一课的练习中就曾经用到过。事实上,做"灾备方案"对于我们心理安全感和控制感的恢复非常有帮助,是我们缓解焦虑、担忧及恐惧的重要有效途径。

通过观察自己焦虑的内容,你会发现,焦虑往往由过去指向未来——过去的经历对我们造成创伤和影响,让我们产生不安全感和失控感。因此,我们会幻想未来可能发生的且自己无法应对的局面,以及这些局面带来的糟糕后果。整个过程中,我们尤其需要注意两点:一是所有的焦虑都指向未来,你所担心的事情尚未发生;二是困扰你的其实都是自己的想象,而不是当下已发生的事实。基于这两点，我们不难发现，焦虑其实是我们跟自己玩的一场想象游戏。那么，这场想象游戏的意义在哪里？我们的潜意识为什么要跟自己玩这场想象游戏？

从生物本能角度而言，焦虑是所有动物生存于自然界的保护技能。因为对食物的焦虑，松鼠会在冬天来临之前，在洞穴里储备好过冬的食物；因为对外敌入侵的焦虑，狮子会在自己的领地周围用排泄物做标记，警示其他的同类；因为对自身安全的焦虑，狗会边走边用尿液留下标识，以便追踪气味回家……这些行为，都是动物为自己的焦虑所做的"灾备方案"。正因为做了这些"灾备方案"，动物才能得以保障自身的安全和实现种群延续。由此，我们可以推知，焦虑存在的意义，是为了促使我们为自己的安全而去做"灾备方案"。

然而，我们常常在做的事情却与之相反——察觉到自己的焦虑后，你是怎么做的呢？留意你的思维过程，是不是这样一个循环的过程：察觉到一个不好的想象，你越想越害怕，然后告诉自己"别乱想了！这些都是你瞎想的，不是真的"。之后，你试图转移注意力去想别的事。但过了不久，另一个不好的想象又冒了出来，于是你重复上一个循环——把它摁下去，转移注意力，直到下一个焦虑的想象又冒出来。就像"打地鼠游戏"一样，一个又一个焦虑想象不断弹起来，你把它摁下去，过不了多久，另一个又弹起来，你又把它摁下去……

如此往复，搞得自己疲惫不堪。

说到这里，你是否发现问题究竟出现在哪个环节？没错，是我们用压抑的方式强行终止了焦虑的自然发展，跳过了"灾备计划"这个重要步骤，因而导致了焦虑的扩散和泛化。原本焦虑的目的是让我们去做"灾备方案"，而我们没有做，仅仅是把它压下去了。如此，潜意识的安全感没有得到满足，它又怎会善罢甘休？于是，潜意识接着衍生出更多焦虑想象，进一步敦促你去做"灾备方案"……长此以往，充满危机感的想象便越来越多，焦虑的情绪也越来越泛化，渐渐你就觉得无从着手、全面失控了。

举一个例子帮你更好地理解这个过程。

我的来访者W女士，她说："我焦虑的是我老公。自从上次他出轨以后，我就无法再信任他了。虽然他一直努力表现，对我和对家人都很尽心，但我却总忍不住想翻看他的手机，对他周围的每一个女同事起疑心。一想到他可能再次出轨，我就坐立难安。"

W女士回忆说："近期我老公有一次出差，期间我给他发了一条微信，他没有回。紧接着我打电话，他也没有接，半小时后他才给我打过来，说刚才手机静音了，没听见。就在这半个小时中，我脑海中闪现过上千种想象：他是不是在跟女同事聊天？是哪位女同事？是上次我见过的那个女生吗？或者，他是不是跟之前那个小三旧情复燃了？上次我看见他的微信里有她，只是聊天记录被删除了，是不是这俩人又勾搭上了？或者，他是不是在跟狐朋狗友鬼混？他去广州出差一定会找他大学室友 C，那个家伙一看就不正经，会不会带他去一些不三不四的场所？会不会遇见一些不正经的女人？……"这类想象层出不穷，她的脑海中如同万马奔腾一般，她越想越焦虑。她老公出差的那段时间，她被这些想象折磨得夜夜失眠。

根据上一节内容，首先我们需要找出 W 女士焦虑的核心点，然后再根据这个核心点来做"灾备方案"。于是我们尝试把事情向前推演一步——"如果最糟糕的情况真的发生了，你会怎样？"

我：如果你老公真的再次出轨了，你会怎样？

W 女士：那我肯定不能再忍，肯定会跟他离婚。但离婚以后，最可怜的还是我。我没有工作，没有经济来源。自从怀孕生孩子以后，身材也变胖了，人也变丑了，想再嫁一个好人家也难。孩子还那么小，我又抚养不了，跟着他爸爸一定不会幸福……

我：让我们来做一个假设，假设你有工作、有经济收入，身材也恢复到生孩子之前的状态，对你而言，离婚还是一种很可怕的可能性吗？

W 女士：那肯定会好很多。如果我具备这些条件，他又再次出轨的话，我甚至会主动考虑离婚。要不是生活所迫，谁愿意跟一个反复出轨的人过一辈子？

说到这里我们可以看出,其实,W女士潜意识里焦虑的核心点是——她自己没有经济来源,对外貌也没有自信,如果失去了婚姻,就会有生存危机——只要解决了这个核心问题,她的心理安全感和控制感就会得到极大改善。

找到了这个核心的焦虑点以后,我们就可以针对它来做"灾备计划"——"我需要有工作,有经济来源,身材需要恢复到从前的样子。这样,即使有一天真的面临离婚,我也有能力保护自己。"

于是,W女士做了如下安排:

我想实现的目标	灾备作用	时间计划	具体安排
找到工作,拥有收入。恢复产前身材(瘦20斤左右)	即使真的离婚了,我也有能力养活自己和孩子,也可以再度找到属于自己的幸福婚姻	6月至7月	找到一个合适的阿姨帮忙带孩子,我可以每周去健身房锻炼3次,每次2小时。争取瘦10斤左右
		8月至9月	孩子可以断奶了。我一边锻炼一边节食减肥,争取再瘦10斤。同时,开始写简历,上网关注合适的工作机会,联系以前的朋友和同事,向他们了解市场状况和行业相关信息,请他们帮忙引荐资源
		10月至11月	有针对性地投简历,准备面试。去拍职业照,做皮肤保养,购置化妆品和衣服,准备上班。预计找一份年薪20~25万元的与财务相关的工作

做完这一份"灾备计划"以后，W女士的焦虑得到了很大程度的缓解，内心的安全感和控制感也得到了提升。在接下来的日子里，她按照这份"灾备计划"来安排自己的生活，焦虑也得到大幅缓解。

同样，你也可以参考以上方法，用"灾备计划"的方式，帮助自己缓解焦虑。既然焦虑是我们想象中的危机，当我们看到自己有办法可以应对这种危机，保护自己安全的时候，焦虑的程度也会随之大为减轻。

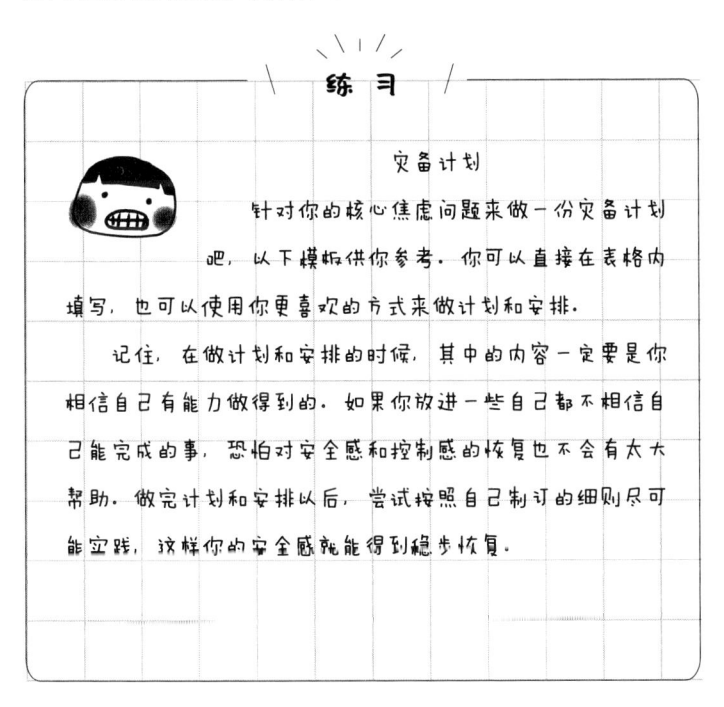

练 习

灾备计划

针对你的核心焦虑问题来做一份灾备计划吧，以下模板供你参考。你可以直接在表格内填写，也可以使用你更喜欢的方式来做计划和安排。

记住，在做计划和安排的时候，其中的内容一定要是你相信自己有能力做得到的。如果你放进一些自己都不相信自己能完成的事，恐怕对安全感和控制感的恢复也不会有太大帮助。做完计划和安排以后，尝试按照自己制订的细则尽可能实践，这样你的安全感就能得到稳步恢复。

😊 我想实现的目标　　😊 实备作用

....　...................................

时间计划	具体安排
❀	
❀	
❀	

😊 我想实现的目标　　😊 实备作用

....　...................................

时间计划	具体安排
❀	
❀	
❀	

☆ ☆ ☆ ☆ ☆

摆脱"心理内耗"模式

➡️ *课前提要*

经过前三课的学习，我们对于焦虑产生的心理根源有了初步的思考和了解，也学习了一些恢复控制感和缓解焦虑的技巧。在本次课程里，我们将重点探讨引发焦虑的三个思维定势，并教给大家具体的应对技巧。

我们的焦虑常常有着以下几个特点。

第一，高度的自我关注。注意力总集中在自己身上，比如：总觉得别人都在评价自己——担心自己做错了什么，做得不够好，担心自己说错话别人会多想；或者高度关注自己的身体——我好像有一点头晕，我会不会晕倒？我的胃怎么突然疼了，会不会是胃癌？我怎么还没睡着？我会不会一直睡不着？

第二，选择性的负面关注。总关注自己做得不好的地方，或者关注身边一些不好的事情，对负面的信息特别敏感。比如：我刚才的发言有哪里不恰当，我发的这封邮件有没有疏漏的地方，我刚才看领导的眼神有没有问题，或者身边又发生了哪些糟糕的事情，谁又得了癌症，哪里又爆发了灾难，哪里又要打仗了……

第三，活在消极负面的自我催眠当中。总在幻想一些不好的事情发生。比如：我早上可能会迟到，今天领导看见我可能会批评我，我的孩子在学校可能会遇到麻烦，我如果晚上睡不着可能就会得重病。

事实上，这三个特点也正是引发我们焦虑的思维定势。如果能纠正这三个思维定势，我们的焦虑也将得到很大程度的缓解。本课的内容分为两个小节，这两个小节中提到的练习，建议大家每天重复并且持续 28 天以上。(28 天是我们身体细胞新陈代谢的一个完整周期，也是新习惯养成的一个心理周期。当我们用新的、积极的心理模式替代了旧的、焦虑的思维定势时，焦虑也将得到极大改善。)

第1节

逆转"高度自我关注"与"选择性负面关注"模式

\ "要命，生活到处都是问题！" /

在开始探讨之前，我想先问你一个问题："最近如何，一切顺利吗？"

你会如何回答我？

我的来访者 A 女士是这样回答的："最近还是老样子，睡眠可能稍微好了一点，但还是睡得不够，早上还是醒得早。焦虑可能也好了一点吧，但还是有，这一周又焦虑了好几次。这两天头还是昏昏沉沉的，一躺在床上就紧张，心脏怦怦跳，总担心自己入睡困难，怎么还睡不着？怎么还睡不着？今天早上刚醒就想哭。我跟老公说了这些问题，他也不理解，还觉得我矫情，随便安慰了我两句就去上班了。我真的好难过，我会不会永远都好不起来了……"

这些话听起来熟悉吗，像不像你的回答方式？我的问题是"一切顺利吗？"，而A女士的回答是"我的生活到处都不顺利"。是的，毫无疑问，生活中的确会有很多不顺利的地方，但静下心来仔细想想，就没有任何顺利的地方吗？让我们重新梳理一遍A女士的回答，其中至少有三件顺利的事："第一，睡眠改善了一些；第二，焦虑改善了一些；第三，老公安慰了她。"其实，A女士是有留意到这三件顺利的事的，只是她潜意识里认为"所有顺利的部分都微不足道，而不顺利的部分才是我生活的主旋律"。留意这个底层逻辑，正是因为这个关注负面的心理模式，让我们久久深陷于焦虑的漩涡里。

长期处于焦虑状态中的人，几乎都有这样一个共同的心理模式——高度自我关注及选择性负面关注。也就是，以自己为核心，高度关注与自己相关的事，同时忽略身边其他的人和事。高度关注生活中负面的事情，同时忽略积极正面的事情。

举个例子你就明白了。

我的来访者C小姐向我诉苦，自从妈妈患癌以后她就越来越焦虑，她越发害怕和妈妈吃饭。因为吃饭的时候，妈妈就会开始唠叨："我这两天胃口更差了，什么都不想吃；这药怎么不管用啊，我吃了还是疼，真是便宜没好货；今天这米又煮硬了，菜又炒咸了；你弟弟怎么那么久没给我打电话；你给我买的按摩仪怎么这么难用，净瞎浪费钱……"C小姐很苦恼："我们都知道妈妈生着病心里不痛快，但她这个样子，满身负能量，搞得全家情绪都很低落，让人忍不住想逃。"

后来，我在咨询室里见到了C小姐的妈妈。这位妈妈向我倾诉了很多苦楚：自从手术以后自己的健康每况愈下；为了治疗花了不少钱，家里积蓄所剩无几；爱人退休金不高，身体也不好；两个孩子不懂事，老大不小了还不成家；家里住的房子老旧，小区环境也差……她越说越焦虑，自己的情绪也越发低落。

我们可以很明显地察觉到，C小姐的妈妈陷入了"高度自我关注"与"选择性负面关注"模式中。当我询问她生活中有没有什么好的事情发生时，她坚定地告诉我："没有！一切都糟透了！"

于是我建议，我们或许可以尝试另一种谈话方法：用"幸好"两个字接龙。每当你说出一件生活中不开心的事，后边就接一句由"幸好"开头的话。

如此一来，我们的谈话变成了这样："我的治疗花了不少钱，家里积蓄所剩无几，但幸好钱还够，没有举债；爱人退休金不高，身体也不好，但幸好在我生病期间他撑住了，自己没有病倒；两个孩子不懂事，老大不小了还不成家，但幸好工作都还不错，对我也有孝心；家里住的房子老旧，小区环境也差，但幸好已经列入了旧城改造工程，过不了几年就能拆迁新建了……"经过了这一系列"幸好"的改装以后，这位妈妈的情绪得到改善,整个人都轻松了不少。

通过上述谈话我们不难发现,这位妈妈的生活并没有发生改变,但是当她转变了看待生活的视角,心理感受也就发生了变化,焦虑也随之得到了缓解。所以,只要我们转变关注点,转变看待生活的视角,我们的感受和心理状态也会变得不同。

那该怎样转变呢?既然问题模式是"高度自我关注"及"选择性负面关注",那就让我们把这个模式做一个逆转——把"高度自我关注"转变为"广泛的外部关注",把"选择性负面关注"转变为"选择性的积极关注"。让我们忽视自己的个人悲剧感,去留意身边快乐幸福的细节,选择性忽略那些消极负面的信息,聚焦积极正面的信息。

以下这两个小练习会帮助你逐渐建立"外部关注"和"正面关注"的心理模式。

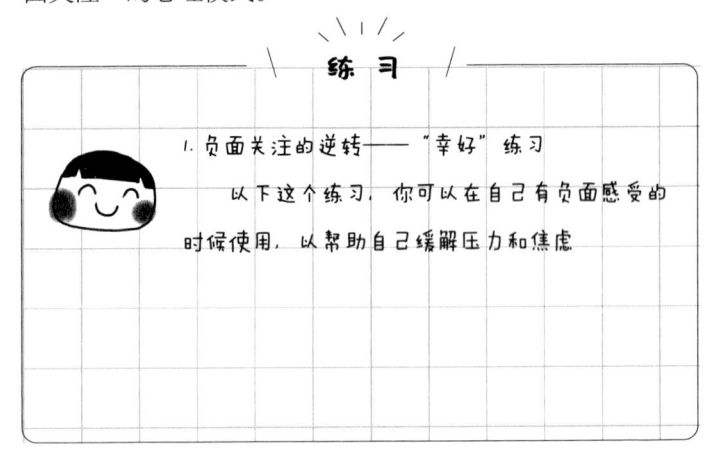

> **练习**
>
> 1. 负面关注的逆转——"幸好"练习
>
> 以下这个练习,你可以在自己有负面感受的时候使用,以帮助自己缓解压力和焦虑

Date _____   让你感到不开心的事

今天女儿不听话，跟我顶   Mood 😭 😟 😢 😊
嘴，我很伤心。

❀

❀

用"幸好……"来续写它

幸好有爱人耐心开导我，陪伴我，让我心里好受很多

☆ ☆ ☆ ☆ ☆

练习

2. 外部关注和正面关注的建立——"幸运日记"

从今天起，每天请你写下10个生活中发生的"小幸运"，不需要是重要的事，生活中的种种小细节都可以。写"幸运日记"的目的是帮你发现生活中美好的点滴，让你的注意力集中在外部世界的积极事件上，进而获得良好的心理感受。

或许你会问，为什么要写10个呢？我每天哪里会有那么多幸运的事？当然有，只要你耐心去寻找，你就可以发现它们。如果你每天都要完成这项作业，你就会提醒自己留意生活中的好事，找到一个就赶紧记下来，而且你需要很努力地找，不然找不够10个。于是，长此以往，你就会形成习惯，每天都会不自觉地关注生活中发生的各种好事。如此一来，你的生活会变得怎样？你的心情又会如何？

好啦，快尝试起来！把这项"幸运日记"的练习持续至少28天以上（28天是我们身体细胞新陈代谢的一个完整周期，也是新习惯养成的一个心理周期），你就会形成心理上的"正面关注"习惯，你的焦虑也将得到大幅改善。

Date

今天的小幸运

今天早餐的粥煮得特别好喝.

Mood

❀

❀

感恩幸运

谢谢, 我真幸运!

☆ ☆ ☆ ☆ ☆

第 2 节

逆转"消极负面的自我催眠"模式

"坏事即将发生?"

在前一课中我们探讨过,焦虑其实是我们和自己玩的一场想象游戏——想象各种不好的可能性发生,想象由此引发的各种糟糕后果,这些"可能会发生、更可能不会发生的糟糕后果"引起自己内心的恐惧、担忧和压力。

为什么我们明明知道这些都是自己的想象,却信以为真产生焦虑了呢?这是因为,我们的潜意识有一个独特的情境混淆机制,让我们对自己的想象信以为真,如此,才能制订可行的灾难后备方案,以确保我们个体的安全和种族的延续。不难看出,这是潜意识本能的自我保护机制之一。

你可以这样简单地理解为——潜意识其实分不清想象和现实,所以,不管是现实中发生的事还是想象中发生的事,都会带给我们高度一致的情绪与情感体验。换句话说,我们会误把自己的想象当成真实(这一点我们在关于心理创伤的处理部分也曾提到过)。这就是为什么,你在辗转难眠的深夜里,会因为自己想象中的事而惶恐不安或泪流满面。

基于这个原理,焦虑的过程中,其实你一直在给自己做"消极的自我催眠",即在脑海中想象各种各样的不好的场景,然后暗示自己:你的生活会出现这些危机,你是一个如此不好的人,你周围的环境如此不安全,对这些状况你没有能力应对和解决……你每天都用这些消极的想象给自己洗脑,促使自己进入越来越失控的焦虑状态。

我的来访者 K 先生就是一个典型的例子。

K 先生是一个培训讲师,每天都需要站在讲台上给学生授课。自从有一次他在讲台上出错引发学生哄堂大笑以后,K 先生就对讲课这件事产生了焦虑感。每天晚上他都要反反复复地准备讲稿,告诉自己:"明天讲课的时候千万不要出错,千万不要出错",但内心却忍不住一遍又一遍想象自己出错的样子。这些想象甚至反复出现在梦中,让他无比焦虑,甚至一次次惊醒。渐渐地,K 先生觉得自己对讲台产生了恐惧。

我问 K 先生:"你最常有的焦虑幻想是什么?"

K 先生说:"我常常忍不住想象,自己讲课又出错了,站在讲台上面红耳赤,自己非常尴尬,无地自容,又惹得学生们哄堂大笑,甚至还有学生带头轰我下场。 想到这些,我就跟自己说,再也不能出错了,再出错你的职业生涯就完了。但似乎越这样想就越焦虑,越怕出错就越会出错,这些又让我更焦虑。"

说到这里,你是否察觉出了问题的关键?是的,关键就在于"越这样想越焦虑,越怕出错越会出错"。因为,我们潜意识里想象的是一个失败场景,而潜意识把它识别为真实了,就会产生与之相对应的心理状态及行为方式。也就是说,你一直反复想象失败,潜意识就会以为这些失败场景都是真实的,并且理所应当出现,于是就会呈现给你失败的感受,以及让你表现出失败的行为。

那如何才能改变这种状态呢?非常简单,只需改变你想象的内容——以前你总是想象那些自己不希望出现的场景,现在逆转过来,主动去想象你希望出现的场景。以这样的方式,去纠正你潜意识里"消极自我催眠"的问题模式。

你想要什么样的场景呢?让我们继续以 K 先生的故事为例。

K 先生希望:"每一次我走上讲台,都是自然放松的姿态。我站在讲台上给学生们轻松愉快地讲课,思路清晰连贯。讲课的风格也风趣幽默,时不时跟学生们开玩笑,调动课堂氛围。学生们都很喜欢我,用钦佩和认可的眼神看着我,一边听课,一边认真做笔记,还时不时点头回应我讲的内容,学习状态非常投入。整堂课上下来毫不费力……"

K 先生描述完,我请他察觉自己的心理状态。K 先生说,想象了这个场景以后,内心感觉放松了很多,焦虑的情绪也有所减少。

我请 K 先生每天尽可能多地重复这个"积极自我暗示"

的想象训练,去主动想象自己希望出现的场景,想象得越真实越身临其境,效果就越好。当负面的想象又不自觉冒出来的时候,就用这个正面积极的想象去替代它。

一个月后,K先生告诉我,对于讲课的恐惧和焦虑已得到了极大的缓解和改善。我建议他将这个"积极自我暗示"的想象练习延伸到生活的各个方面,并把它作为一个延续毕生的心理健康习惯保留下来。

听完K先生的故事,你是否也有共鸣和感悟?请你做一个自我觉察:你最常有的想象是什么?是积极、正面、阳光的,还是消极、负面、忧郁的?你想象的是自己期待出现的场景,还是自己不希望出现的场景?这些想象与你的焦虑有着怎样密切的联系?

察觉到这一切以后,你可以参考以上我们提到的"积极自我暗示"想象训练法,在脑海中想象自己希望出现的场景,以替代原有的消极负面的想象。长期坚持做这个想象练习,你的焦虑情绪会得到极大的改善。同时,建议你把它作为持续毕生的心理保健习惯,坚持下去,这会让你的生活状态更加积极,心态更加乐观。

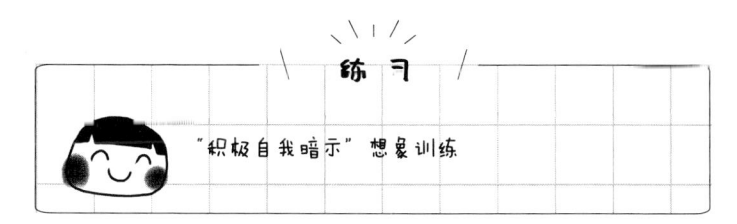

练习

"积极自我暗示"想象训练

😊 自我察觉，你常有的消极想象有哪些？

✿ ....

✿ ....

✿ ....

😊 你真正希望出现的场景其实是怎样的？把它生动描述出来，越详细、越身临其境，效果越好

✿ ....

✿ ....

✿ ....

😊 闭上眼睛，用积极想象去替代原来的消极想象，完成后，你的心理感受如何？

✿ ....

✿ ....

✿ ....

☆ ☆ ☆ ☆ ☆

阶段 2

原生家庭突围：

疗愈原生家庭创伤

在第二阶段的课程里，我们主要从原生家庭的视角来探讨焦虑型人格的形成，以及针对不同人格特点和不同的原生家庭创伤类型，来帮助大家进行自我疗愈和焦虑缓解。

通过大量的临床心理咨询个案，我发现以下这三种问题模式最为常见："控制型""指责型"和"忽略型"。这三种原生家庭问题模式及它们的组合，最容易造就个体高焦虑型人格特质。除此以外，还有原生家庭中的角色错位，也容易给个体带来过度的压力和边界困扰。在本阶段中，我们将从这四个方面入手帮助大家进行自我成长和调整。

具体内容如下：

♡ 焦虑的人格基础：焦虑型人格与原生家庭

♡ 控制型原生家庭氛围：其影响及自我调整

♡ 指责型原生家庭氛围：其影响及自我调整

♡ 忽略型原生家庭氛围：其影响及自我调整

♡ 原生家庭中的角色错位：其影响及自我调整

开始学习之前，先回答两个常见的疑问：

1. 我的原生家庭到底属于哪一种模式？

原生家庭中出现的问题往往比较综合，它可能并不呈现出某一单一问题模式，而是多个问题模式的组合。所以，不必纠结于"我的原生家庭到底属于哪一种模式"。你的原生家庭完全可能包涵了好几种问题模式，又或者与其中的某些问题模式相似却不太一样。这些都是正常的。我们课程对大众人群的共性问题进行阐述和处理，你需要通过学习和思考，再结合自身的具体情况，把这些知识和技巧整合到一起，精准适配自己的问题。

2. 如果我的原生家庭不属于某一类型的问题模式，我是否需要学习对应章节？

需要的。因为给你带来困扰，引发你焦虑的，除了自身的"焦虑型人格基础"，还有错综复杂的人际环境。可能你的原生家庭没有某一类型的问题模式，但你的爱人、父母、朋友、同事等人，他们在原生家庭中正好深受这一模式的影响，因而他们与你的关系也会受到这种模式的影响。我们完整地学习原生家庭中的一系列问题模式及其处理办法，不仅仅是为了解决自己的问题，还为了更好地理解周围的人和事，更好地和身边的人相处，拥有更加和谐顺畅的人际关系。所以，强烈建议你认真学完每一个章节的内容，在学习的过程中带入对自己和别人的思考，知己知彼，方能制胜。

为什么你比别人容易焦虑：焦虑型人格与原生家庭创伤

➡️ 课前提要

通过上一阶段的课程，我们找到了焦虑产生的深层心理成因——心理创伤，并且用恢复控制感的办法帮助自己缓解了创伤所引发的焦虑。在这节课里，我们将陪伴大家更深入地探索焦虑产生的人格基础——焦虑型人格，找到原生家庭和成长历程在我们身上留下的印记和影响，继而在后续的课程和练习中，有针对性地处理这些问题，帮助大家走出阴影和摆脱束缚，更深层地缓解焦虑。

通常来说,我们都以为焦虑的产生主要源于外部压力。但仔细观察你会发现,不同的人在面对同样压力事件的时候,所感受到的焦虑程度是不同的。比如小时候考试,有些孩子总容易紧张、生病、肚子疼;而另一些孩子则心态很好,吃得香、睡得熟,几乎不受影响。又比如,平时生活中遇到矛盾冲突,有些人会耿耿于怀,翻来覆去地想,久久无法消化负面情绪;而另一些人则心态乐观,处理完就没事了,并不放在心上。那么,是什么造成了我们在面对压力时不同的心理感受呢?这就要归因于我们的人格基础了。

根据我在临床心理咨询工作中的观察,绝大部分来访者的深焦虑状态都与其自身的人格特点(你可以把它理解为"性格特点")密切相关,也就是说,他们本身就属于"焦虑型人格"。同样的压力事件,对于心理健康状态较好的人而言,不会造成持续的破坏性困扰,但对于"焦虑型人格"的人而言,就会产生很大的心理压力,并且久久难以排解。这一点我们会通过具体的例子来进一步解释。

那么,"焦虑型人格"有哪些特点呢?"焦虑型人格"的人往往情感细腻丰富,内心敏感多疑,说话和做事顾虑多,常常纠结于"对不对"和"该不该",在生活中小心翼翼,担心比较多。在人群中倾向于忍让,常常悄无声息地受伤又默默平复自己,把委屈都藏在心底,装作一切都好。常在意别人对自己的评价,不愿给别人添麻烦,很少有勇气激烈地表达自己的需求和想法，属于生活得很累又容易受伤的类型。

那"焦虑型人格"又是怎么形成的呢？通过大量的心理案例，我们不难发现，"焦虑型人格"的形成与我们的原生家庭氛围及个人成长经历密不可分。常见的有：童年与父母分离，成长环境动荡，因为长期寄人篱下，缺乏安全感，所以生活得小心翼翼，会察言观色，焦虑感比较强。此外，原生家庭中的父母（或抚养者），对孩子有过于严格的要求和控制，或者实施指责、否定、打击式的教养方式，或者忽略孩子、情感交流匮乏等。这些都会造成孩子内心的压抑和创伤，孩子养成谨小慎微、讨好、容易内疚和自责的性格，这样的孩子在成年后往往也呈现出深焦虑的状态。

在这里补充解释一下：所谓"原生家庭"，是指我们从小长大的家庭环境，不一定必须是你亲生父母所在的家庭。如果你是爷爷奶奶抚养长大的，或者你是亲戚抚养长大的，又或者你是被收养的，那这个（或者这几个）抚养你长大的家庭就是你的原生家庭，不管你的亲生父母有没有在其中。与"原生家庭"对应的另一个概念是"核心家庭"。所谓"核心家庭"，是指由你和伴侣组建的家庭。比如，你现在和你的妻子或丈夫组建的这个家庭，就是你的"核心家庭"。而对于你的孩子而言，你的"核心家庭"则是他的"原生家庭"。

举两个例子来帮助大家理解这个概念。

我的来访者H女士是典型的"焦虑型人格"：

她从小父母离异，由叔叔婶婶抚养长大。寄人篱下的十多年里，她常被两个表姐欺负，婶婶对她也不好，常无故找茬，对她非打即骂。因为没有父母的庇护，她只能忍气吞声、察言观色，尽量躲着家中的是非，即使受了委屈也不敢反抗，只能默默压抑在心里，为此，她从中学时代就开始焦虑、失眠。｝原生家庭创伤

　　长大后，她离开叔叔家去外地工作，也有了自己的家庭，但内心仍然充满焦虑。特别是有了孩子以后，焦虑感更为强烈。总是担心孩子的种种，在幼儿园会不会被别的孩子欺负？会不会被老师打骂？会不会吃不饱饭？会不会在玩耍中受伤？这些都是生活中的小事，她却纠结不安，彻夜难眠。｝焦虑型人格特质

　　来访者 K 先生也是"焦虑型人格"：

　　父亲从小对他要求很高，希望他长大一定要出人头地，光耀门楣。所以，小时候他学习一直很刻苦，成绩总是名列前茅。他记得有一次自己被关在家里学习，听见窗外小朋友们在院子里玩，他也想玩，于是不知不觉走神了，呆呆看着窗外。正巧这时父亲经过看见了这一幕，大发雷霆，还取下腰间的皮带狠狠抽了他一顿。从此以后，他再也不敢懈怠。而这样的经历，在他的童年里数不胜数。｝原生家庭创伤

长大以后，他成了一个容易焦虑的人，在工作中小心翼翼，害怕出错，领导或者客户稍有不满意，他就焦虑得整夜睡不着。在人际关系中他也感觉压力很大，总希望在人前展示出自己完美的一面，不敢让别人失望。在家中他也处处谨慎，生怕父母对自己不满意……久而久之，焦虑越来越严重，后来出现心慌气短、身体发麻等"惊恐发作"症状。｝焦虑型人格特质

上两位来访者与以类似的原生家庭经历，在"焦虑型人格"的人群中不胜枚举。除此以外，"焦虑型人格"的人往往因为谨慎和压抑的性格，不善于倾诉自己的负面情绪，在人前极力伪装，把所有压力都憋在心里。久而久之，压抑在内心的负面情绪和心理能量找不到爆发的出口，就从身体层面失控地爆发出来，出现了种种焦虑症状。

说到这里，有些朋友可能会想："只有缺乏爱的原生家庭才会给孩子带来创伤吧？我的父母都很爱我，我怎么会有原生家庭创伤呢？"其实，还真不是这样。即使充满爱的原生家庭，也可能会给我们带来创伤。

再给大家举两个例子，帮助大家理解"原生家庭创伤"这个概念。

我的来访者 A 女士因为自卑而焦虑，总觉得自己没有能力，什么事都做不对、做不好。

在咨询中，我问她："这种自卑和你的原生家庭有关系吗？"

她很坚定地说："没有，我的原生家庭非常好，爸妈都非常爱我。尤其是我妈妈，我们一直到现在都会每天打电话，一聊聊很久，甚至经常聊到半夜。"

我问她："那你会跟妈妈聊什么呢？"

她说："什么都聊，生活中的、工作中的所有事情我都跟妈妈说，妈妈帮我分析、出主意，告诉我哪些地方做得对，哪些地方做得不对，告诉我该怎么办。"

我问她："这种情况从什么时候开始的？"

她说："从小就这样……"

说到这里，聪明的你们发现问题了吗？是的，正是因为A女士的妈妈太爱她，凡事都要参与，替她解决，所以，原生家庭的教养氛围呈现出一种"高控制型"的特点。孩子就渐渐认为，我是没有能力的，我解决不好这些事，我的解决方法都是不对的、不妥的，只有妈妈的方法才是对的、好的。长此以往，A女士就失去了自主解决问题的能力，变得越发不自信和自我否定，焦虑也就接踵而来。

我的另一位来访者C先生，常常觉得委屈和受伤。他对别人非常好，点菜的时候让别人先点，认领工作的时候让别人先挑，凡事都优先考虑别人的感受，但身边的人却不顾及他的感受。

C 先生问我:"为什么好人却没有好报?"

我问他:"别人不顾及你的感受,你为什么不能向他们提要求呢?"

他说:"这怎么可以提?从小父母就告诉我,要懂事,不要动这不要动那,该给你的父母都会给你,不该给你的,你要也没用。所以我从小就不提要求,只是努力满足父母的期待,然后在心里默默盼望父母给我想要的东西。"

说到这儿,你发现问题了吗? C 先生之所以压抑自己的需求而不表达,是因为他在原生家庭里就是这样被教育的。

所以,所谓原生家庭带来的创伤,不是说一定要在原生家庭里经受虐待,也可能是一些潜移默化的问题模式的影响。即便父母爱我们,他们也不可能是完美的父母,也会带给我们伤害和负面影响。因此,我们探寻原生家庭的问题不是为了归罪于原生家庭,更不是为了甩锅给父母,而是为了更好地发现自己的问题产生的原因,进而有针对性地调整,帮助自己缓解焦虑,实现更好的自我成长。

练 习

你是"焦虑型人格"吗,觉察一下你有哪些"焦虑型人格"的特质?如果你的答案是"是",建议你在学习本阶段内容的同时,把第一阶段中第四课的练习再做一个心理周期(28天)。

- ....
- ....
- ....

回顾你的原生家庭及成长经历,你的"焦虑型人格"特质可能和哪些因素有关?

- ....
- ....
- ....

通过以上思考我们不难看出，焦虑之所以难于解决，是因为它有着漫长的生长路径和累积过程，是由现实中无数的压力事件堆积起来而产生的，可谓"冰冻三尺非一日之寒"。所以，疏解它也需要一个过程，需要我们付出努力去自我成长和做心理调节，让自己的内在慢慢发生改变。记住，在心理成长的路上，慢就是快，不要给自己太大的压力。还记得我们在第一阶段第一课后面提到的"允许"练习吗？下面，也请你写下这几个字，每天都看一遍：

我允许自己慢慢来！我会慢慢越变越好！

接下来，在第二阶段的课程里，我会教给大家如何针对不同类型的原生家庭阴影和创伤来进行自我调整，进而实现焦虑的缓解和拥有更加自由舒展的人生状态。

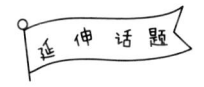

延伸话题

很多朋友问我，治疗焦虑只服用抗药物而不做心理治疗可不可以？

这么说吧，抗焦虑药物主要帮助我们缓解身体层面的症状，药物是不能帮助我们解决心理困扰的。所以你会留意到，仅仅通过服药治疗焦虑的患者，症状会不断地复发。

但如果同时配合心理治疗,效果就会稳定和持久得多。因为,如果心理层面的问题没有得到解决,人格状态和思维模式就没有得到调整,焦虑也不可能从根本上得到解决。只有从心理层面进行深入的问题发掘,去看到创伤,去清理伤口,去疏导和修复,去包扎和缝合,才能让我们的心结打开,内心压抑的能量释放出来,我们才能跟自己握手言和,实现轻松舒展的状态,焦虑也才能真正离我们而去。

摆脱控制，活成你自己

➡ 课前提要

上一阶段的课里，我们谈到了原生家庭创伤对于"焦虑型人格"形成所带来的影响。接下来在本阶段的课程里，我就来教大家疗愈原生家庭创伤的方法。

我们原生家庭中出现的问题往往比较综合，它所呈现的并非单一的、某一个问题模式，而是多个问题模式的组合。通过大量的临床心理咨询个案，我发现以下这三种问题模式最为常见："控制型模式""指责型模式"和"忽略型模式"。这三种原生家庭问题模式及它们的组合，最容易造就孩子深焦虑甚至是高强迫性的人格特质。接下来我们会对这三种问题模式进行一一拆解。

在本课内容里，我们将学习如何识别原生家庭中的"控制型模式"，以及调整"控制型模式"所带给我们的影响，尝试摆脱控制，寻获内心的力量感。

第1节

原生家庭的"控制型模式"及其影响

\"我不敢，我必须\"

在学习本节内容之前，让我们先来看几个案例，大家可以猜一猜他们的原生家庭可能是怎样的。

M女士在工作中是个铁面无私、高度自律的人。她负责管理公司考勤，十多年来严格自律，从不迟到、请假。用她自己的话来说，"就算天上下刀子，我也会顶着刀子去上班"。有一次她骑自行车，路上被摩托车撞倒了，头破血流。对方要送她去医院，她拒绝了，坚持赶到单位打卡，因为失血过多摔倒在楼道里，最后甚至是爬进办公室的。还有一次，一位女同事因怀孕申请休假，部门领导和总经理给她批了一张空白假条，意思是休多少天都可以，休假回来补填日期就行。但M女士坚决不接受，她拒收假条，要求女同事必须落实休假天数，并且追到领导们的办公室，义正辞严地当面批评领导"徇私枉法"乱批假条……类似的事情在 M 小姐的工作中不胜枚举。在公司里，M 女士是干活最卖力的，却也是人缘最差的。经常有同事指着她的鼻子骂，说她"小题大做，拿着鸡毛当令箭"。一开始，领导还支持她的工作，后来，她常常"六亲不认"连领导都骂，领导也不支持她了。M 女士也察觉到了自己的问题，认为是自己太较真，她也想变得柔软一些、灵活一些，但就是做不到。最近领导开始频繁给她穿小鞋，同事也传言她要被开除了，M 女士为此严重失眠，焦虑发作。

A 先生是个青年才俊，个人能力强，但有一个弱点，就是在父母和权威面前难以说"不"。工作中，他对领导高度服从，即使明知领导是错的，或领导的安排有损自己利益，他也无法拒绝。比如，有一次下夜班，领导打电话叫他去一个酒局，明知道自己过度劳累、体力不支，明知道每次都会被灌醉，更重要的是，明知道这个酒局根本不重要，但接到电话的一瞬间，他似乎就成了收到指令的机器人，条件反射似地答应，后来喝多了，不得不进医院急诊室抢救。类似的事情经常发生，A 先生也自我反省，决心下次一定拒绝。但下次只要领导一开口，他又蒙了，心里即使一万个不愿意，也会爽快地答应和执行。

除此以外，他在父母面前也是这样，对父母高度服从。之前谈了一个女朋友，两人感情很好，但父母不同意，他就忍痛分手了，找了一个父母认可的女孩结婚。婚后父母高度干涉他的生活，导致矛盾激化，最终婚姻破裂。最近，A先生再次恋爱，他知道一切来之不易，想好好珍惜。但父母再次反对。他心里也知道再也不能听父母的了，他们会再次搞砸自己的婚姻，但他就是没勇气跟父母正面抗争，没勇气捍卫自己的感情，女孩因此要离开他。A先生对自己失望至极，焦虑痛苦，一听到电话铃声就以为是父母打来电，心惊肉跳；一想到父母的脸，胃就会痉挛，严重时还会呕吐。

K小姐的亲密关系一直不顺利。每一段关系她都尽力付出和忍让，却换来对方抱怨她"作"，说和她在一起好累。K小姐在恋爱中非常懂事，从不给对方添麻烦，凡事都为对方着想。对方问她想吃什么，她会说"我都行，看你"；对方问她想看什么电影，她会说"随便，你爱看哪个就选哪个"；对方问她想要什么生日礼物，她会说"都行，你送的我都喜欢"。偶尔她也会试着表达自己的需求，比如"你如果顺路可以来接我一下，不顺路就算了啊"。如果对方答应来接她又突然爽约，K小姐也会懂事地给对方找台阶下"没关系，我正好也要加班，你安心忙手边的事吧"。然而，如此懂事的K小姐，却常觉得委屈和孤独，觉得自己这么迁就对方，对方却不顾自己的感受，常忍不住哭诉指责对方。对方总觉得很冤："你想要什么就说啊，你不说我怎么知道？"K小姐却觉得："这还用我说吗？你连这一点都不懂吗？"如此反复，对方觉得她太作，跟她在一起很累。而每当K小姐感觉亲密关系出了问题时，就会率先提出分手。虽然嘴上说得很决绝，心里却希望对方挽留自己，可每次对方都当真了，真的和她分了手。

K小姐也知道，是自己的表达方式出了问题，如果把真实想法说出来，两个人会少很多误会。可每次话到嘴边就是说不出来，或者一开口，就说成了相反的意思。

以上这三位来访者，看起来问题都出在自己身上。也许，你会想对他们说以下这些话。

对M女士："大家都说你太较真了，你就不能灵活一点吗？不那么严格要求行不行？"

对A先生："你是一个成年男人，该独立了，怕领导干什么？怕爸妈干什么？你应该勇敢反抗，没必要被他们管成那样！"

对K小姐："你想要什么就说啊，对方能给你就给，不能给你也不损失什么。为什么不说？非要委屈自己，为难别人？"

是的，这些话他们也对自己说了十万遍，可为什么就是做不到呢？不是因为难，而是他们受困于自己常年的问题心理模式，而不敢改变。在社会心理学上，这个现象叫作"习得性无助"。

美国心理学家马丁·塞利格曼（Martin E.P. Seligman）在1967年做过一个实验，他把狗关在笼子里，只要蜂音器一响就给狗施加电击。一开始狗试图逃跑和反抗，在笼子里狂奔。但多次实验后，狗知道跑不出笼子，也就不跑了，只要蜂音器一响就趴在地上哀嚎。再后来实验者把笼门打开，按下蜂鸣器，此时的狗已经不试图逃跑了，它们依旧待在原地，不等电击就开始哀嚎。为什么会这样？因为过去太长时间的挫折让狗知道，反抗和逃跑都是徒劳的，它们能做的只是留在原地承受痛苦，因此，即使有机会，它们也放弃努力了，过去的阴影让它们陷入了深深的无助和失能的状态中。这就是习得性无助。

这个实验和以上三位来访者的原生家庭又有什么关系呢？当然有关系。他们就像是被囚禁在原生家庭问题模式里的小动物，即使长大了，囚笼打开了，他们却依然待在原地，重复着原来的痛苦，忘了自己是可以反抗和逃走的。外面的人看得见，会提醒他们："快出来呀，囚笼打开了！"同样他们自己也看得见，他们也对自己喊："快出来呀，囚笼打开了！"可是，内心却总有一个声音在说："我不敢。"

为什么不敢，你究竟在怕什么？噢，怕的原来是记忆里原生家庭中那些"控制"你的"绳索"。

那么，这三位来访者的原生家庭中到底发生了些什么呢？你可以先猜一猜，再看以下内容，看你猜对了多少。

M女士的原生家庭：

父亲是个军人，性格强势而固执，家中凡事都必须听他的。从小父亲就对M女士进行军事化管理：被子要叠成豆腐块，服装鞋帽要摆放整齐，行动要迅速果断，做人要诚实正直、坚守原则，不许撒谎、不许偷懒、不许娇气、不许要小聪明。一旦被他抓到任何瑕疵，M女士就难逃打骂。而且他打人的时候还不允许别人解释，越解释打得越重。

记得小学有一次，M女士病了，外面又下雨，母亲就给她请假，让她在家休息。父亲发现后冲进她的房间，不顾母亲的阻拦，一脚把她从床上踹到地上，吼道："这点小病算什么，下雨算什么，红军爬雪山过草地连双像样的鞋都没有，连吃的都没有，不是一样完成任务了吗？像你们这么废物，国家早晚得败在你们手里。起来，滚去上学，你今天爬也得爬去，外面就算下刀子也得去！"

父亲严格而强势的控制型教养，让M女士痛苦不已，她从小就担惊受怕、小心翼翼，总是期待长大后可以离开这个家。但没想到，长大后她的确离开家了，而自己却内化了父亲的模式，继续用严苛的方式要求自己和身边的人。

A先生的原生家庭：

父母都是教师。母亲性格强势，小时候做错事情了就会打他，还把他拎到窗户边吓唬，说要把他从5楼扔下去。此外，母亲和父亲经常吵架，双方都性格偏执、互不相让，一副争个你死我活的样子，总会惊动左邻右舍跑来劝架。A先生从小温顺听话，小心翼翼，尽量不招惹父母，以避免家中的"大战"。

上中学后，父母不再打他，而换成了说教。A先生只要一犯错，父母就不停说教，对他进行"轮番轰炸"，经常一说就是几个小时，还会告诉亲戚朋友，让大家来评理，大家共同说服他、教育他。所以，每次他只要违背父母的意愿，就像捅了马蜂窝一样，会被左邻右舍、亲朋好友围追堵截，说到他头脑炸裂。

再后来A先生长大离开了家乡，父母失去了亲朋好友的神助攻团，于是又升级了控制模式，变成哭闹和寻死。比如：A先生交的女朋友他们不认可，他们会先不停打电话，每次说教3~4个小时，如果没有达到效果，或者A先生不接电话，他们就要跑来单位闹，还发微信威胁A先生："你妈被你气得心脏病犯了，现在去医院抢救了，你是想要你妈死吗？"当A先生担心，打电话过来询问的时候，他们又故意制造紧张气氛，指责A先生："你还知道管你妈死活？你妈差点被你气死,刚缓过来,医生说她不能再受刺激。你就是这样孝顺你妈的?你妈死了你不会内疚一辈子吗?"电话里还传来母亲的阵阵哀嚎……A先生知道,这些都是父母控制他的手段,但他却无法反抗。

与此同时,A先生害怕领导也是因为父母都是老师,从小他就畏惧父母(老师)身上的威慑力,而领导给他的感觉就像老师一样,他的潜意识因此把对父母的畏惧迁移到了领导身上,这才会对领导高度服从。

K小姐的原生家庭:

K小姐是外婆带大的。外婆是个知识女性,注重家教。从小外婆就告诉她:"我们这种知识分子家庭出身的小孩,要懂规矩,不能跟那些没家教的野孩子也一样。那些野孩子总找大人要这要那,你不能乱要东西,该给你的大人自然会给你,不该给你的要了也没用。你要懂事,不要给大人添麻烦,外婆年纪大了照顾你很辛苦了,要是你不听话,就把你送去你奶奶家。你奶奶重男轻女,没你的好日子过!"

因为从小K小姐就最乖、最听话,外婆在众多孙辈中最疼爱她。于是,K小姐心里就留下了这样的印象,只要自己乖、听话、不给大人添麻烦,就能得到更多的爱;而如果"不听话、给大人添麻烦",就会被抛弃(送到奶奶家去)。所以,成长过程中，她一直努力压抑自己的需求，不表达自己的要求，生活得小心翼翼，生怕惹大人不高兴而被抛弃。继而在亲密关系中，也复演了这个模式。

但是与压抑相伴的往往是心理失衡。当她不断隐忍却没有换来自己想要的爱时，K女士的委屈就会忍不住爆发出来，演变成后续的"作"，让伴侣莫名其妙、措手不及。

通过以上三个故事，我们看到了被原生家庭的"控制型模式"所裹挟和操控的人生。所谓"控制型模式"，顾名思义就是，父母（或抚养者）对子女的言行和想法施以管控，一切以符合父母（或抚养者）的意愿为主，对于子女自身的意愿、喜好和心理需求忽略及否认。一个孩子从小在控制型的家庭氛围里成长起来，他就会习惯这种控制。尽管自己已经长大，已经可以独立了，却仍然出于惯性继续屈从于之前的控制，依然保留着原有的问题行为模式。

需要注意的是，原生家庭中的"控制"，很多时候都不是出于父母（或抚养者）的恶意，相反，他们的出发点往往是"为孩子好"，并且是以他们认为"对"的方式"为孩子好"。在这一点上，父母的苦心我们不难体会。然而，过度地"为孩子好"、替孩子做决定，也就侵蚀了孩子的心理边界，剥夺了孩子自己生活的自主权。当一个人无法守卫自己的基本界限时，他就失去了自我，焦虑和痛苦也就因此产生了。

总结一下，在原生家庭中被"控制型模式"所影响的人，常常在生活中展露出以下这特点：

1. 不敢／不能：自己知道该怎么做，却不敢／不能这么做。生活得束手束脚，这不行，那不对，顾虑重重，内心纠结，心理内耗严重（如以上三个例子）；

2. 懂事：习惯性讨好，习惯去揣摩别人的心意，迎合别人的需求（如 K 小姐的例子）；

3. 难于表达：潜意识里常觉得自己的想法不合适、不应该或不重要，因而难于表达自己真正的想法和需求。有时甚至会反向表达自己的意思，明明在乎，却装作不在乎，明明想要，却装作不想要（如 K 小姐的例子）；

4. 难于守卫边界：在"拒绝"和"守卫自己边界"这件事上，常有无力感和失能感（如 A 先生的例子）；

5. 控制：无意识地用自己曾经历过的控制模式去控制别人（如 M 女士的例子。此外，我用妈妈曾控制我的方式去控制我的小孩，我用妈妈曾经控制爸爸的方式去控制我的伴侣，等等）。

想要缓解由此产生的焦虑，我们首先需要察觉自己与此相关的问题。以下练习将帮你回顾自己的成长历程，找出与原生家庭"控制型模式"相关的心理创伤，之后我们会在下一小节中进行处理。

练 习

你有没有上述所提到的原生家庭"控制型模式"留下的特质（或其中的部分特质）？它们都是如何体现在你生活中的？

-
-
-

它们可能和你原生家庭中的哪些"控制型模式"有关？你想起了哪些与之相关的创伤事件？

-
-
-

第2节

活成你自己

\ "我可以" /

上一节内容里，我们解析了原生家庭中的"控制型模式"所带给我们的深刻影响。其中我们可以看到，有两条关系线索出了问题。

第一，与父母（或抚养者）的心理关系：幼年便受到父母的控制，内心已养成对父母权威的畏惧及"受控"的惯性，这种畏惧和惯性在成年后依然严重束缚着我们；

第二，与自己的心理关系：习惯于"被控制"的心理模式，成年后即使明知自己有能力反抗，却缺乏力量感，或不知该怎么做，常觉得无助和失能。

接下来，我们就从这两条关系线索入手，逐一帮助大家调整和改善，实现自我成长和缓解焦虑。

一、与自己的心理关系

首先从"与自己的心理关系"这条线索入手，唤起我们内在的力量感，再来处理与父母的关系就会容易很多。我们将通过以下三个部分的练习来实现：修复心理创伤——走出迷茫与无助——成为你自己。

1. 修复心理创伤

在上一节练习中，我们找到了与原生家庭"控制型模式"相关的创伤事件，请你再次回到事情发生的当时，体会自己当时的感受，完成以下练习。

（如果你回想起来很多创伤事件，可以根据以下办法，找时间分别进行处理。）

（1）事情发生当时太弱小，没有能力反抗，非常无助。所幸，现在你终于长大了。

——如果现在的你穿越到当时，你会对当时那个无助的小孩（你）说些什么？

——把这件事告诉你最信任的几位朋友或亲人，邀请他们对你的情感进行支持，从每个人给你的支持中获取力量。

例：M 女士

我的创伤事件：生病时父亲一脚把我从床上踹到地上，骂我，逼我去上学。

现在的我会对当时的我（那个小学 3 年级的小女孩）说："你没有错，是他错了。他自己是军人，可你不是，你只是个小孩,你生病了就应该休息和得到照顾,这是无可指责的。有一天你会长大,会拥有你自己的家,过你自己想过的生活,再也不用看他脸色过日子了。"

与闺蜜分享获得支持:"你爸真是太过分了,哪有这么对孩子的!要是我老公这么对孩子,我肯定得跟他吵架了……"(获得闺蜜的情感支持)

与姨妈分享获得支持:"你真是太不容易了,孩子,姨妈懂你的感受。我小时候我爸爸也是这样对我的,当时我总想离家出走……"(获得姨妈的理解和陪伴)

练习

按照上述办法尝试处理你的心理创伤:

- 我的创伤事件:

- 现在的我会对当时的我说:

- 与亲友1分享获得支持:

- 与亲友2分享获得支持:

（2）回忆小时候原生家庭中的你，有什么渴望是不被父母允许的？有什么想做的是父母不让的？

现在你已经长大了，请你带着当时的心情，去做自己曾经渴望的事，去实现自己曾经的愿望（有违是非人伦的事情除外）。

做完这一切以后，对自己说："你看，你真的长大了，现在你真的有能力给自己快乐和幸福了。"之后去体会你心里的感受。

例：M女士

小时候最想做的事：周末睡到自然醒。不叠被子，不整理衣服，晚上看电视直到困了才睡觉，吃菜的时候只吃自己爱吃的部分，生病了就请假休息。小时候最想要洋娃娃，最想扎红色的蝴蝶结。

实现小时候的愿望：给自己买洋娃娃和红色蝴蝶结（都是小时候喜欢的样式），允许自己周末睡到自然醒。允许自己不叠被子，不整理衣服，允许自己晚上看电视直到困了才睡觉，允许自己吃菜的时候只吃自己爱吃的部分，允许自己生病了就请假休息……

做完这一切以后，M女士对自己说："你看，你真的长大了，现在你真的有能力给自己快乐和幸福了。"之后，M女士感觉到了前所未有的轻松和释然。

练习

请你按照上述办法尝试做一遍：

- _____

- _____

小时候你最想做的事：

- _____

- _____

实现小时候的愿望：

- _____

- _____

做完这一切以后，对自己说："你看，你真的长大了，现在你真的有能力给自己快乐和幸福了。"

- _____

- _____

察觉你内心的感受：

- _____

- _____

2. 走出迷茫与无助

请你想象，你遇见了十年后的自己：

假设十年后你活成了自己想要的样子，你会对现在的自己说些什么？

假设十年后你活成了自己不想要的样子，你又会对现在的自己说些什么？

接下来，你决定怎么做？

我们以 K 小姐为例，来演练一下这个练习。

K 小姐：

假设十年后我活成了自己想要的样子，那我应该已经有了一个温暖的家，有爱我的先生和小孩。我会对现在的自己说："有一天，你会找到一个爱你的男人，他可以接纳真实的你，在他面前你不必伪装、不必懂事，不必活得那么累。但是，你只有露出自己真实的样子，才能找到这个男人。所以，放下伪装做你自己吧。"

假设十年后我活成了自己不想要的样子，那我可能依旧没有找到伴侣，还在分分合合中纠结痛苦。我可能会对自己说："别总为他人着想了，不值得。你要活得自私一点。去照顾自己的感受，去满足自己的需求。不管有没有人爱你，你都要好好爱自己。"

接下来，我决定在下一段恋情里，改变讨好的模式，真实表达自己的想法，尝试向对方提要求，而不是被动等待对方给予。我要用自己真实的样子，找到愿意接纳真实的我的伴侣。

练习

请你按照上述办法尝试做一遍：

假设十年后你活成了自己想要的样子，你会对现在的自己说些什么？

- _____
- _____

假设十年后你活成了自己不想要的样子，你又会对现在的自己说些什么？

- _____
- _____

接下来，你决定怎么做？

- _____
- _____

3. 成为你自己

正如上一节内容所提到的，原生家庭中的"控制型模式"带给我们的影响深刻而长远，我们的人格特质（可以理解为"性格"）也因此呈现出相应的"被控制模式"，但这并非无法改变。长大后，我们仍拥有再成长的能力，可以习得新的行为模式，修复原有的创伤。

接下来我要教给大家的是，如何在自己身上快速建立新的行为模式，弥补原有性格中的弱点，拥有自己所需要的人格特质。这个办法叫作"人格带入法"。

首先，选择一个"人格样本"（某一个特定的人）。这个人身上有着你认可的某种人格特质，你希望自己也能拥有这项特质。比如：有勇气、不惧怕权威，敢于说不、敢于守卫自己的界限，擅于沟通、处事成熟，等等。这个"人格样本"可以是你身边真实存在的人，也可以是你在影视作品、书里看到的人，只要他身上有你想要的人格特质（性格特点）就可以了。

接下来，花心思去留意和观察你的"人格样本"，他是如何处理你所不擅长的事情的？观察一段时间以后，你就基本了解了他的行为模式。然后，你就可以在特定情境下，尝试去"带入他的人格"（想象自己成为他）帮助自己解决问题。你可以问自己："假如我就是他，在这样的情境下，他会用什么语言、什么姿态、什么眼神面对对方？他会怎么说，怎么做，怎么应对当下的局面？"然后你就照他的方式去做。经过多次演练，你就可以将"人格样本"身上的这项特质内化到自己身上，成为自己行为模式的一部分，从而成功地拥有这项人格特质。

我们以 A 先生为例，演示一下"人格带入法"的操作方式。

A 先生在公司畏惧领导，对于领导提的非分要求不敢拒绝，这一点他一直想改变。有一天，A 先生发现，他们部门另一位同事 C 在这一点上很擅长。他不仅不怕领导，任何事情只要他认为不合理就直接拒绝，还总说大实话把领导怼得哑口无言，领导也不能把他怎样。为了让 C 同事多干一点活，领导反而常常哄着他、讨好他。于是，A 先生决定把 C 同事作为自己的一个"人格样本"，希望自己能像他一样不惧权威，守卫好自己的界限。

经过一段时间的观察，A 先生对 C 同事的模式大概了解了。在面对领导的时候，A 先生心里对自己说："现在我就是 C 同事，我要用他的语气、他的眼神、他的姿态去跟老板说话。"领导又叫 A 先生陪酒局，他就用 C 同事的方式，几句大实话把领导给怼了回去。就这样，经过一个多月的演练，A 先生发现，自己在领导面前状态越来越放松了，捍卫自己的界限也越来越得心应手，内心的力量感和自信感都得到了提升，甚至领导对他更尊重了。C 同事的模式嫁接到了 A 先生身上，又经过了 A 先生自己的改良，已然变成了他人格的一部分。

"人格代入法"听起来很玄，但原理其实很简单。它就是我们人类社会学习的"模仿"过程。我们小时候也常常使用这种办法，通过模仿成人或同伴来实现自己的人格养成和成长。而在这里，我们只是有意筛选出特定的对象和特定的人格特质进行模仿，从而帮助我们实现自我完善。你可以根据自己需要的不同特质，选择多个"人格样本"进行"代入模仿"，这些习得的模式会逐渐整合到你原有的人格系统中，成为你自己的一部分。就好像计算机系统升级、打补丁一样，通过这样的方式，你也将自己升级到了更优化、更完善的版本。

可能一开始你会觉得很难："我做不到，我毕竟不是他。"没关系，你要坚持观察和学习你的"人格样本"，继续说服自己去尝试"人格代入"。人的心理很神奇，当你被固有的心理惯性所裹挟的时候，你会觉得违背这种惯性特别难。而只要有一次你冲破了旧的模式，它们就再也无法困住你了。新的心理模式将产生强大的惯性，替代过去的轨迹。所以，只要有一个成功的开始，你就可以一直成功下去。你需要的，只是勇敢走出这第一步。

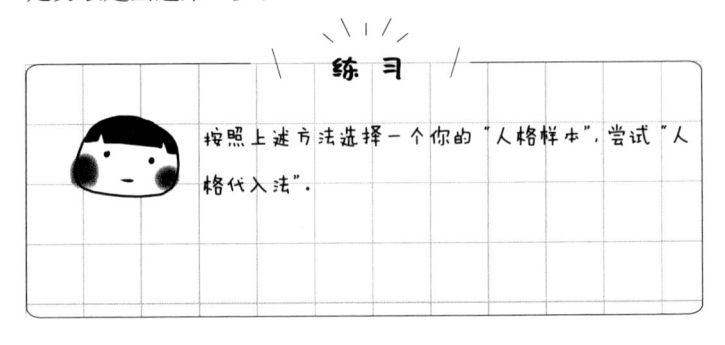

练习

按照上述方法选择一个你的"人格样本"，尝试"人格代入法"。

二、与父母（或抚养者）的心理关系

经过调整"与自己的心理关系"，我们内心的力量感得到了一定程度的恢复。接下来，我们要来处理"与父母（抚养者）的心理关系"这条线索。我们在这里想要解决的并不仅仅是"生活中该如何与父母相处"，需要重点处理的是"父母的权威形象对于我们内心的影响，以及如何摆脱这种束缚"。

1. 解构父母形象的权威，解开束缚

在成长过程中，控制型父母的权威形象会给我们带来心理上的压迫感，让我们不敢遵循自己内心的想法，而被迫屈从于父母权威的控制。这种情况该如何改变呢？接下来，我就来教大家解构父母形象的权威感。

小时候，父母（或抚养者）是我们无法自行选择的，然而，长大以后，我们却可以选择自己的"理想父母形象"。比如，给你关怀和支持的老师，你家隔壁慈祥的奶奶，工作中让你敬仰的领导，保护你、照顾你的长辈……这些带给你温暖和给予你支持的保护型形象，会使你觉得他们身上有类似"理想父母"（即你想要的就是这种父母）的感觉，让你想要靠近他们，寻求他们的认可、支持和保护，同时你还对他们有着深深的信任，他们的意见你也会特别重视，可以说，他们就是你的"理想父母形象"。"理想父母形象"于你而言，有着仅次于"父母形象"的心理权重。因此，我们可以依靠"理想父母形象"的支持，去解构原有父母形象的权威，减少"控制型模式"带给我们的心理束缚。

具体做法是这样的：

首先，选择你的"理想父母形象"人选，把他和你的父母做对比，找出他的优越性（哪些方面是你父母比不上的）；

然后，向他讲述你的困境，获取他的支持；

最后，确认自己的想法并付出行动。每当内心再出现"父母形象"的反对时，就用"理想父母形象"去制衡它。

我们以 M 女士为例，演示一下这个过程。

M 女士有一位堂兄，和她父亲一样也是军人。堂兄比她年龄大很多，为人稳重、处事成熟，在单位人际关系很好，对她也好，常常给她建议和指导。M 女士觉得，这位堂兄就是她的"理想父亲形象"。对于单位考勤的事，父亲的观点是，M 女士必须绝对正直、坚守纪律，即便天子犯法也得与庶民同罪，这一点决不能变通。但 M 女士知道，自己不能再这样"又臭又硬"下去，不然饭碗就保不住了。于是，M 女士找到堂兄，向堂兄寻求支持。与父亲对比，堂兄的优越性在于，堂兄在单位人际关系很好，而父亲的人际关系不好。因此，M 女士更加坚定地认为堂兄的建议会对自己更有帮助。

M 女士向堂兄讲述了自己的困境，父亲的建议及自己当下的想法，她觉得自己应该"灵活执法"，依据领导的需要调整考勤方式，只要不影响工作，考勤方式就弹性一点。堂兄帮她分析了现状，否定了父亲的建议，肯定了她的想法，这给M女士带来了很大的心理支持。M女士决定，就按自己的想法去实施。

在这个过程中有两点需要注意。

（1）假如你的"理想父母形象"不支持你怎么办？

答案是：换一个或几个"理想父母形象"继续尝试。

如果连续多个"理想父母形象"都没能给你支持，很有可能出现了以下两种问题：

第一，可能你选择"理想父母形象"的标准出了偏差，你跟他们的关系并不是"支持型"关系，建议调整标准，重新选择；

第二，可能你的想法真的有问题，建议综合他们的意见重新构想。

（2）"理想父母形象"能量比较弱，给不了建议和支持怎么办？

没关系，你的"理想父母形象"不一定必须是智慧的强者，也可以是情感陪伴者。即使他没有办法给你强有力的支持，至少也可以倾听你、理解你，你不再那么孤独和委屈，这对你也是有帮助的。

> **练习**
>
> 按照上述方法选择一个或几个"理想父母形象"，尝试解构父母形象的权威。

2. 完成三个阶段的成长，逐步实现界限守卫

很多父母在干涉子女的事情时，都会着重强调双方的身份："你就算到 80 岁，你也还是我孩子，我是你爹（妈），你就得听我的"，并通过这种方式对成年子女实施心理上的"降维打击"，把成年子女压回"孩子"的位置去继续控制。这样的"高控制型"家庭模式与正常的家庭模式相比，到底有哪些不同呢？

通常来说，一个正常社会个体与原生家庭的关系需要经历以下三个阶段：

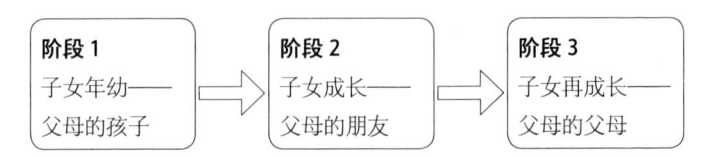

阶段 1	阶段 2	阶段 3
子女年幼——父母的孩子	子女成长——父母的朋友	子女再成长——父母的父母

小时候，我们是父母的孩子，被父母照顾与管理。成年以后，父母退出管理者的角色，我们开始自我管理，这时候我们与父母的关系会逐渐变为成人与成人的对等关系。随着父母老去，生活能力逐渐下降，我们会逐渐成为父母的照顾者与管理者，父母会依赖我们，就像孩子依赖父母一样，这时候，我们就成了父母的父母。只有遵循这个规律，我们与原生家庭的关系才会健康发展，双方的情感才会顺畅，心理上的安全感才能得到保障。

而很多控制型父母，常常在子女成年后不愿放弃管理者的角色，因而压制了子女作为一个正常成年人的身心发展。子女的成长受到阻碍，心理层面就会比同龄人晚熟，能力上也会有所欠缺。父母察觉以后更加不安，于是加倍控制，试图代替子女解决更多困难。于是就出现了一个怪圈：子女越成长不起来，父母就越缺乏安全感；父母越缺乏安全感，就越控制子女；而越控制子女，子女就越成长不起来。这种"控制"与"被控制"的游戏逐渐升级，父母对子女的界限侵犯就越来越多。一方面，随着子女的社会成长和能力提升，独立的需求越来越强烈；另一方面，随着父母老去，逐渐淡出主流社会，原先的知识和经验也越发陈旧，对现有社会的适应性也越来越差。于是，父母的"控制型模式"逐渐会成为整个家庭向上发展的绊脚石。

那怎样的家庭模式父母才能安心呢？

答案是：子女成长起来了，有能力照顾自己，照顾父母，这时候父母的安全感也就有了。

那怎样子女才能成长起来呢？答案是：父母不再控制了，子女才有机会独立，才能实现自己成长。

因此，无论对于父母还是对于子女，改变原有的"控制型模式"势在必行。

我们本节的最后有一个最重要的练习，它没有具体的操作步骤，也不是你能在一两天内完成的。你需要结合自身情况，找到自己的办法，经过一段时间的摸索和实践来逐渐实现——在生活中将你和父母的关系引向以上三个阶段，去实现每一个阶段的递进和转变。

相信我，不论花费多长时间，当你和父母的关系成功实现了这三个阶段的转化时，你也就摆脱了原生家庭"控制型模式"的束缚，活成了你自己。

以下，我们以 A 先生为例，演示一下他的自我成长。

之前的状况：所处阶段 1 父母的孩子（不敢违背父母意愿，又不愿放弃感情）。

尝试逐渐摆脱控制：虽不敢与父母正面对抗，但开始"非暴力不合作"，即假装分手，但继续地下恋情，和女友拍结婚照，暗地准备买婚房。父母催他相亲，拖延和搪塞。

再成长，逐渐独立：减少与父母分享生活细节和感受的时间，他们打电话来询问，即回答"一切都好"，以减少父母对自己生活的干涉。不再服从父母的生活安排，当意见不一致时，A先生也会发动亲朋好友"围攻劝说"父母，让他们别管那么多。渐渐地，父母对他的了解少了，管控也少了。A先生开始过问父母的生活，问他们每天怎么安排生活计划，以及父母二人的健康和情感状况如何。开始过渡到阶段2成为父母的朋友。这一过程历时约1年。

继续成长：A先生开始安排和管理父母的生活，叮嘱他们：家里要收拾干净不能像垃圾堆，有糖尿病不能吃桃酥，不能追剧追到半夜，伤害身体，吃饭要有营养不能顿顿吃咸菜喝粥，等等。至此，A先生与父母的关系过渡到了阶段3成为父母的父母。而这一过程，又历时2年。

此时的父母已不再处处控制，对于儿子的成长也感到满意和安心。A先生也终于活成了自己想要的样子。

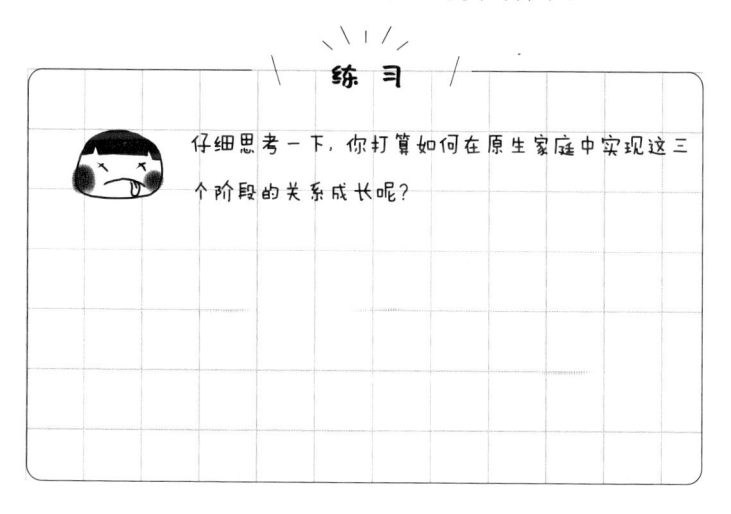

练习

仔细思考一下，你打算如何在原生家庭中实现这三个阶段的关系成长呢？

第3节

"控制型模式"的变体:软控制

"爱我就要服从我"

前两节内容里,我们讲了原生家庭中"控制型模式"所带给我们的心理影响及自我调节的办法。本节我们要接着讲原生家庭中另一种非常隐秘的控制模式。

我们常常以为,"控制"应该是强硬的、粗暴的,然而,原生家庭中有一种控制模式非常独特,甚至让人难以觉察,但其威力却毫不逊色,它就是"软控制"——父母(或抚养者)用温柔、充满爱的方式对孩子进行控制,孩子如果不服从,就会深受内疚的折磨。很多时候,甚至孩子自己也认同了父母的控制,即使非常痛苦,也会勉强和逼迫自己去实现父母的意愿。

我举两个例子你就明白了。

我的来访者 D 先生成长于一个有爱的"软控制型"原生家庭。小时候,D 先生家境贫寒。父亲外出务工,母亲独自养育4个孩子。从小D先生就特别懂事,在学校学习优秀,回到家就做家务,照顾弟妹,从不让母亲操心。母亲对他赞不绝口,逢人就夸他。而一旦他没有按母亲的心意做事,母亲就会掉眼泪,说自己命苦,说活着没有意思。每当这时D先生就会很内疚,觉得自己很不孝。

长大后,母亲希望他学医,他就放弃了自己喜欢的法律方向,报考了医学院。毕业后,母亲希望他回家,他就放弃了北京的工作机会回了家乡。他在读大学时有一个感情很好的女朋友,但母亲不喜欢她。于是他狠心放弃了那个女孩,娶了母亲为他挑选的妻子。婚后,又如母亲所愿早早生了儿子。但近年来,母亲还想让他生二胎。一再催促下,他终于焦虑爆发,变得情绪化,彻夜失眠,频繁与妻子争吵,甚至出现了性功能障碍。

D先生说,他每晚都在反复设想:假如自己当初没有学医而选择学法律,现在过着怎样的生活?假如当初留在北京而没回老家,现在又过着怎样的生活?假如当初和大学女友结婚,现在的生活又会如何?……眼前的一切都看起来完美无缺,却没有一样是他想要的,全都是母亲想要的。现在母亲又想要二胎,可他甚至每天都在想离婚,他不知道自己为什么和一个毫无共同语言的女人生活了十年,还生了一个儿子,现在还要生第二个?他为此痛苦焦虑,不知所措。

我的来访者C女士，她的成长经历就像一个"别人家的孩子"。她从小到大学习优异，一直是父母的骄傲。父母对她期望很高，从重点小学重点高中，到名牌大学再到海外留学，C女士一直完美达成父母为她设定的一个又一个人生目标。博士毕业后，她任职于海外一家知名公司，一切看起来完美无瑕。但近期C女士却突发严重焦虑。

C女士对我说，在外人看来，自己有着体面的职业、优秀的学历、丰厚的收入，俨然是"人生赢家"。但事实上，自己的内心却忐忑不安。想着父母这些年把她捧在手心里疼爱，含辛茹苦供出一个海外名校的博士，又有了这么好的工作，她就是父母的骄傲和希望，在外人面前她也是父母的面子，她不能让父母失望。可漂泊异乡却让C女士深感孤独，周围的同事都是行业精英，自己渺小得不值一提，随时都有失业风险，每天都工作得特别努力。生活中又没有朋友和亲密关系，常觉得孤立无援。很多次她都想回国，国内的生活一定轻松很多。但父母总鼓励她继续坚持，期望她在海外定居，未来有更好的发展。她不忍心让父母失望，又实在坚持不下去。就这样反复纠结，越来越焦虑，频繁产生心慌心悸、呼吸不畅、肢体发麻等症状。

在D先生和C女士的故事里，我们看到了被父母的"软控制"所裹挟的人生。大多数时候，"软控制"型的父母是温和讲理的，他们很少去逼迫子女。他们往往会苦口婆心地跟子女交谈，晓之以理动之以情，获得子女的理解。之后，出于对父母的爱，子女无需父母逼迫，就会主动逼迫自己完成父母的意愿。因此，"软控制"模式下受困的子女，往往难以觉察其中的"控制"，而常常生活在自我质疑和反复自责当中，时常觉得"是我错了吧，不该有这样的想法，我应该听爸妈的，他们是对的。可是，我又好渴望实现自己的想法，等等"。如此，潜意识的冲突不断产生，焦虑也就产生了。

在"软控制"模式的原生家庭里成长起来的孩子，常常会把父母的爱和控制绑定在一起，会在潜意识里以为，爱与控制是不可分离的。假如自己爱父母，就应该服从他们的管控，满足他们的期待。如果不服从，就代表着对父母的背叛和辜负，而背叛和辜负是可耻的。这会带给他们极大的自责感和内疚感，他们会把自己绑到道德的脚手架上不断鞭打，直到自己服从父母的指令，内心的折磨才会停止。

"软控制"模式在生活中随处可见。就像你常听到，很多妈妈会对孩子说："你爱不爱妈妈？爱妈妈就听妈妈的话。你要是不爱妈妈，妈妈也不爱你了，你就想干什么就干什么，以后妈妈都不会管你！"这就是典型的"软控制"模式——爱我，你就得服从我的控制，否则，我就会减少对你的爱（或者抛弃你）。

我们身上也常有"软控制"模式的烙印——出于父母（或

抚养者）的愿望和期待，或者出于内心对父母（或抚养者）的迎合、讨好，我们会不自觉地去做一些违背自己本意的选择——选择一个"好"的学校，选择一份"好"的职业，选择一个"合适"的伴侣，在"合适的年龄"生孩子，在某些事情上表现得"得体和大度"……太多我们认为"应该"和"对"的事情，来自原生家庭里父母（或抚养者）的意愿和控制。尽管我们潜意识里极度不情愿、非常抗拒，意识层面却不断告诫自己"你应该这样""这样做才是对的"，于是，焦虑就这样产生了。

"软控制型"的原生家庭模式，虽然不缺乏爱，但是它以爱为名实施界限侵犯，过度干预了子女的生活和决定，也剥夺了子女对自己人生和幸福的选择权。因此，在"软控制型"原生家庭氛围之下长大的孩子，往往习惯于去揣摩和顺应父母（或抚养者）的心意，去满足别人的需求，也习惯于忽略自己的需求，不太关注自己想要什么。渐渐地，随着年龄的增长，他们变得越来越茫然和焦虑。很多时候，他们只知道生活中的一切都不是自己想要的，却不知道自己想要什么。即使他们知道自己想要什么，也顾虑重重，缺乏去争取的动力和勇气。

想要缓解由此产生的焦虑，我们首先需要察觉自己与此相关的问题。以下练习将帮你回顾自己的成长历程，找出与"软控制型"家庭氛围相关的心理创伤，以便我们在下一个小节中进行处理。

练习

回顾你的原生家庭和成长历程,你有哪些被原生家庭"软控制"的经历?

- ......
- ......

有哪些重要决定其实并非你本意,而是遵循父母的意愿或者讨好父母(或抚养者)而做出的?这么做了以后,你快乐吗?

- ......
- ......

结合上一题的答案思考,如果再给你一次机会,你敢不敢做出忠于自己内心的选择?如果敢,你会怎么说、怎么做?如果不敢,为什么不敢?留意你内心的感受,你顾虑的是什么?

- ......
- ......

第4节

拥有"你说了算"的人生

"不做提线木偶"

通过上一小节的学习,我们思考了自己的人生轨迹与原生家庭的控制和影响之间的关系。所幸,我们已经长大,有能力从心理层面摆脱原生家庭的掌控,拥有属于自己的人生。那么关键的问题来了——你是否知道,什么是你想要的人生?很多时候,我们习惯了去揣摩和顺应别人的心意,去满足别人的需求,却忽略自己的需求,不太去关注自己想要什么,渐渐变得越来越茫然和焦虑。很多时候,我们只知道生活中的一切都不是自己想要的,却不知道自己想要什么。

想要拥有属于自己的人生,首先你需要知道自己想要的生活是什么。以下这个练习或许需要你花费几天、几周甚至更久才能思考出答案,但当你完成后,你也就不再迷茫和困顿,你就能做出努力去获得自己想要的生活。

练习

什么是你想要的生活?

请你从生活中的方方面面来思考:比如,你希望自己是什么样的人?什么样的穿着打扮、言谈举止让你更喜欢自己?你希望自己每天的生活如何安排?什么样的工作让你开心?什么样的运动(或兴趣爱好)让你快乐?什么样的朋友让你喜欢?什么样的亲密关系是你想要的?什么样的亲子关系让你更愉快?与父母怎样相处让你更轻松……

-
-
-

你打算做些什么,从而帮助自己逐步获得这样的生活呢?

-
-
-

> **补充**

如果想不出来什么是自己想要的生活，或者自己想要的生活完全无法实现，怎么办？

可以通过身边的一些小爱好来恢复"控制感"。比如：养花养草、写书法、织毛衣、绣十字绣、做雕刻、练瑜伽等，在小的爱好中来找到自己的价值感，以此实现控制感的部分恢复。这些小事虽然看起来"没有意义"，但不要低估了这些"无意义"之事的心理意义。只有恢复了心理上的控制感，人的焦虑才能得到缓解。

此外，在上一节的练习3（如果再给你一次机会，你敢不敢做出忠于自己内心的选择？）中，你有没有发现什么？每次当你试图冲破禁锢、试图遵循自己想法的时候，是什么念头挡在了你面前，甚至直接把你堵了回来？是的，在"软控制型"的原生家庭里，禁锢和束缚我们的往往是爱。我们潜意识里认为爱与控制不可分离。假如自己爱父母，就应该服从他们的管控，满足他们的期待，不能让他们伤心。如果不服从，就代表着对父母的背叛和辜负。

但是，爱与控制这二者本不是捆绑相生的。你完全可以用自己的方式去表达爱、给予爱，而不必牺牲自己的主控权去交换爱。要知道每个人都有受伤的能力，就好像你会在父母的爱里受伤，但这并不影响你感觉到他们的爱。同样，你对你的父母也应该有信心——他们能够感知你的爱,他们同样有受伤和再成长的能力!当我们和父母的界限清晰起来时,当父母懂得尊重、不再越界时,伤害也就会随之消失,我们与父母的关系,与整个原生家庭的关系,才能得到顺畅、健康的发展。

练习

尝试做这样的想象:你即将做一个于你而言很重要的决定,但遭到父母的反对和劝说。

把以下这句话在心底对自己重复三遍以上:"我可以坚持自己的意愿,这不是对父母的辜负和背叛。我爱他们,也相信他们能够感知我的爱。我相信父母有受伤和再成长的能力,我相信自己有力量——活成我自己!"(你可以修改这句话,让它更适合你)

根据自己的需要,多次重复这个想象练习,你会逐渐萌生力量感,逐渐摆脱被控制和束缚的感觉,最终活成你自己!

走出自我否定，重建自信

➡ **课前提要**

在前一课的内容里，我们探讨了原生家庭中的"控制型模式"对于"焦虑型人格"的影响，以及减少这些影响的办法。接下来，本课的内容中，我们将探讨原生家庭中的"指责型模式"给我们带来的影响，以及教给大家相应的处理办法。

第1节

原生家庭的"指责型模式"及其影响

"都是你不好"

指责所带来的心理挫折感,相信大家都经历过。那么,"指责型"的原生家庭氛围,容易对一个人的人格造成哪些影响,继而又易引发哪些焦虑呢?

我们先来看看以下两个例子。

我的来访者F先生是一名企业中的高管秘书,常常需要公众发言及处理各种人际关系。每次公众发言以前,F先生都特别焦虑,他会反反复复地检查自己的发言稿,生怕其中有任何差错。每次发言后,F先生又会反复回忆刚才自己发言的过程,回顾自己的每一个动作、每一句话、每一个眼神,看看有没有哪里不恰当。而每次回顾他都能发现不妥之处,并为此耿耿于怀,十分挫败。在工作当中也是如此,F先生每发出一封邮件,都要反复检查许多遍。邮件发出以后,他又会反复回想,有没有不恰当的地方,并常常为一些不周密的地方懊恼,责怪自己。在人际关系中,F先生也谨小慎微,每每向别人说一句话,都要掂量再三,注重别人对自己的看法,担心自己有做得不周全的地方,担心别人误解自己,于是常常向别人反复解释。有时遇到别人不耐烦或语气不友善,F先生就非常紧张,赶紧加倍讨好,害怕得罪别人。同事请他帮忙,他既不敢拒绝又不敢答应,生怕自己拒绝会得罪对方,又怕自己答应了却做不好,又会得罪对方,总是小心翼翼,极度焦虑。

我的来访者O女士是一位全职妈妈,她总担心4岁的孩子可能有问题:他为什么上兴趣班注意力不集中,是不是存在注意力障碍?他走路为什么容易摔跤,是不是小脑有问题?他最近为什么总挤眼睛,是不是有抽动症?……为此,O女士带孩子到处检查,每天都在纠正孩子的"不良行为"。最近,孩子性格突然变腼腆了,见人不爱打招呼,O女士非常着急,多次纠正孩子无果后,O女士认为孩子的心理出了问题,一定是因为丈夫对孩子陪伴不够,孩子才出现问题的。跟丈夫沟通后,丈夫也做出了很多改变,但总达不到O女士的要求,为此夫妻俩频繁发生争吵。丈夫认为,不管自己怎么努力O女士都在挑刺,从不肯定自己;不管孩子怎么表现,O女士也都觉得他有问题,从不肯定孩子。

与此同时,在外人面前,O女士则完全相反,她总无意识地讨好别人,不能表达自己的想法。比如:明明看见幼儿园老师对孩子不好，她却不敢当面提出来，还装作开心的样子讨好老师，回到家后跟丈夫抱怨，让丈夫去找老师理论；家里请的阿姨做事不认真，她不好意思直接跟阿姨指出，装作很满意，等丈夫回家后跟丈夫抱怨，让丈夫去批评阿姨；孩子的兴趣班退费，她明知道老师多扣了钱却装作无所谓，回家跟丈夫抱怨，让丈夫去投诉机构……类似的事情还有很多。O女士自己也知道这种讨好毫无必要，但就是害怕冲突，似乎自己的挑剔和不满只敢在家人面前表达，而在外人面前只能压抑和讨好。为此，O女士也常常自责，觉得自己活得太怂，只敢"窝里横"，在外太胆小怯懦了，但就是难以改变。

以上F先生和O女士的故事，你是否留意到了其中的共同点？是的，F先生总觉得自己不对、不好、不妥，O女士总觉得自己的家人不对、不好、不妥，而在外人面前都表现出无意识讨好的状态。那么，这种"向内指责、向外讨好"的人格特点是如何形成的呢？说到这，我们就要从原生家庭中寻找答案了。让我们再来看看F先生和O女士的原生家庭。

F先生的原生家庭：

F先生小时候家在农村，父亲早年外出务工，后来受了伤不能干活，就回到家中修养，换F先生的母亲外出务工。在F先生的记忆中，父亲脾气暴躁，经常骂他，动不动就骂他是家里的寄生虫，只吃饭不干活，连养头猪都比他强，还说"我在工地受伤都是为了挣钱养你，都是你害的"。

F先生学习不好，父亲就骂他蠢，说他浪费了家里的钱去上学。他放学在外面玩了一会儿，回来做饭晚了，父亲就骂他不要脸，自己成绩这么差还有脸在外面玩，天天在家白吃白喝连饭都不想做，连看门狗都不如。

F先生记得有一次，父亲让他用猪肥膘炸油渣。他从来没有炸过油渣，不知道该怎么做，在炸的过程中不但自己被溅出的油烫伤了，油渣也炸糊了。父亲回来后，完全没有顾及他的烫伤，反而当着村里人的面大骂他蠢，炸个油渣这么简单的事都做不好，无用至极。

常年的指责让F先生形成了自卑的性格，总觉得自己笨手笨脚，什么都做不好，总担心自己出错会再度遭到指责，因此逐渐出现了上面提到的症状。

O女士的原生家庭：

在O女士的记忆中，从小到大妈妈一直在指责旁人。在她小时候，她印象中的妈妈总骂爸爸没出息，说不该嫁给他。每次只要O女士犯了错，就会被一直数落。只要爸爸从旁劝解两句，妈妈就会转而数落爸爸，说"养不教父之过""有其父必有其女"，生个孩子也像他一样没出息。

O女士记得有一次自己考试得了第2名，开心地把卷子拿回去给妈妈看。妈妈第一反应就怀疑她是抄的。她委屈得大哭，说自己没抄。妈妈不以为然，反而指责她小气："我是你妈，我生你养你，说你几句就不行了，考了第2名有什么了不起，这么来劲，有本事你考第1名啊！"后来高考O女士考上了北京大学，妈妈说："有什么好骄傲的，考上北京大学的人这么多，将来也不一定都有出息。"

工作以后，O女士用第1个月的工资给妈妈买了件衣服。妈妈看了看说："你这欣赏水平也太低了，衣服又贵又难看。你看你表妹给小姨买的衣服多好看……"O女士一直知道，不管自己怎么做都得不到妈妈的认可，心里却难以自制，总忍不住讨好妈妈。

有了家庭以后，O女士发现自己的一些做法和妈妈很像，也总挑剔丈夫、挑剔孩子，对外人却忍不住讨好。O女士自己也想改变，却似乎无法自控。

从F先生和O女士的故事里，我们可以看到"指责型"原生家庭氛围会给一个人的人格带来深刻影响。所谓"指责型"原生家庭氛围，指的是父母（或抚养者）对孩子的教养方式以指责、打击、否定或嘲讽为主，缺乏认可和鼓励。在"指责型"原生家庭氛围中成长起来的人，往往性格压抑敏感，容易自我怀疑与自我否定，内心有着深深的自卑感，常高度地自我负面关注（选择性地关注自己的缺点、自己身上不好的事情）。他们在人际关系中，常常呈现出两种模式：

模式1 向内指责、向外讨好：对自己苛求和指责，对外人则呈现出讨好之态，希望赢得他人的认可。易受他人情绪和态度的影响，即使遭遇他人打击和贬损，也难于反击或自我保护，甚至会继续讨好（如F先生）。有些人还会把"自己"的边界外扩，扩大到自己的家人，表现为对自己及家人挑剔苛求，而对外人展现讨好之态（如O女士）。

模式2 广泛性指责：他们沿袭了原生家庭中的"指责型"人格特点，对外界的人和事广泛加以指责，显得挑剔严苛、富于言语攻击性。在人群中往往较为孤独，群体归属感较差。内心渴望爱，却不知如何寻求爱。

这两种模式相较而言，模式1向内指责、向外讨好因长期自我压抑，心理压力更大，焦虑程度更深。而模式2广泛性指责，虽然人际关系受到影响，但负面情绪能够得到宣泄，心理压力得到一定疏解，因而焦虑程度相对低一些。

对于"指责型"原生家庭氛围下成长起来的人而言，这两种模式可能单独呈现，又可能交替并存。比如，有些人早期倾向于"向内指责、向外讨好"，但会渐渐过渡到"广泛性指责"的阶段。有些人则两种模式交替出现。根据我在临床心理咨询工作中的观察，大部分成长于"指责型"原生家庭中的人，在内心力量感较强的时候，容易呈现出模式2的广泛性指责特点，而当内心的力量感较弱的时候，容易呈现出模式1向内指责、向外讨好的特点。

当然，即使都成长于"指责型"的原生家庭，我们每个人的经历也都是不同的,所受创伤的程度也不同,因而人格层面所受到的影响也不同。所以,以上两个模式在表现程度上也会有所差别,可能有的人典型一些,有的人则没有这么明显,有的人还可能呈现出其他特点,这些都是有可能的。我们不必纠结于自己的问题模式是否严格符合哪一类,而应该更多去关注自己内在的感受,带着这些感受进入接下来的练习即可。

练习

你有没有上述提到的"指责型"原生家庭留下的特质(或其中的部分特质)?它们都是如何体现在你生活中的?

-
-

它们可能和你原生家庭中的哪些"指责型模式"有关?你想起了哪些与之相关的创伤事件?

-
-

第 2 节

走出自我怀疑与自我否定，重建内在力量

"我，就是最好的自己"

上一节内容里，我们解析了原生家庭中的"指责型模式"所带给我们的深刻影响。接下来，我们将通过练习帮助你修复与此相关的心理创伤，重建内在力量与自信。本节我们将重点针对问题模式1"向内指责、向外讨好"的情况来帮助你进行调整。

1. 修复原生家庭中的心理创伤

在上一节练习中，我们找到了与原生家庭"指责型模式"相关的创伤事件，请你再次回到事情发生的当时，体会自己当时的感受，完成以下练习：

（如果你回想起来很多创伤事件，可以根据以下办法，找时间分别进行处理。）

事情发生当时的你太弱小，无力反抗，只能压抑和讨好。所幸，现在你终于长大了，有能力保护自己了。

如果现在的你穿越到当时，你会对指责你的父母（或抚养者）说些什么？你会对当时的自己说些什么？

在你最信任的朋友或亲人中，挑选出几位善于指责的人，跟他们分享这个创伤事件，邀请他们帮助你一起指责（对抗）当时的父母（或抚养者）。

例：F先生

我的创伤事件：父亲让我炸油渣，后来当众责骂我。

如果回到当时，我会对指责我的父亲说些什么："你凭什么骂我，你教过我吗？我本来就不会炸油渣，我只是一个孩子，我已经尽力了，我还受了伤，哪有你这种爸爸？全然不顾自己孩子的安全，油渣重要还是你孩子的安全重要？这些事本来是你一个成人该做的，你却让一个小孩子去冒险，还好意思指责这个小孩！……"

如果回到当时，我会对自己说些什么："你没有错，作为一个孩子你已经尽力了，已经做得够好了。你不会炸油渣，又没有人教过你，所以油渣炸糊了是理所当然的事，这不是你的错，更不代表着你蠢，如果换成别人，也未必会做得比你好……"

与善于指责的朋友 A 分享这件事,邀请朋友支持自己,帮自己一起指责当时的父亲:"他要是有能耐去外边逞威风啊,在家欺负小孩子算什么!"

练习

按照上述办法尝试处理你的心理创伤:

我的创伤事件:

- ……………………………………………………

如果回到当时,我会对指责我的XX说些什么:

- ……………………………………………………

如果回到当时,我会对自己说些什么:

- ……………………………………………………

与善于指责的亲友分享这件事,邀请亲友支持自己,帮自己一起指责当时的XX:

- ……………………………………………………
- ……………………………………………………

> **解释**

　　这是一个内在力量感恢复的过程。因为在创伤事件发生时，你被"指责"这种能量所"攻击"，并且无力还击，因此压抑的愤怒会淤堵在你心里形成创伤，又或者会引发你的"内攻击"，即你认同了父母（攻击者）的立场，内心和他们一样指责自己，否定自己，因此陷入自责和愧疚的心理创伤中。

　　我们的心理能量其实遵循一个朴素的经济学原理，即"收支平衡"。你怎么对我，我怎么对你：你对我好，我就对你好；你对我几分好，我就对你几分好；你对我不好，我就对你不好。如此，心理能量达到平衡，我们的心理状态也就平稳健康。一旦这个平衡遭到了破坏——你对我不好，我却得对你好——这个时候，我们的心理状态就会失衡，痛苦和焦虑也会随之产生。

　　就心理学而言，如果受到了外界的"攻击"，你需要"还击"才能恢复心理能量的平衡，才能减轻你的创伤感，以及缓解"自我攻击"。因此，当你可以"还击"甚至还得到"帮手"支持的时候，你内心的力量感就会逐渐滋生，对于自我的否定和怀疑就会减少，对他人的讨好也会减少。在这个练习中，我们通过"指责"这种"攻击性模式"帮助你回到心理创伤的当下去"还击"，继而恢复心理能量的平衡。

> 在此过程中，不用去怀疑这种方式是不是"不孝"或者"背叛父母"，这和道德无关，这只是一个心理能量上的自我疗愈。就像父母会对你指责但他们同时也爱你一样，你可以"还击"，这并不代表你背叛他们，即使反抗他们你也是深爱他们的。人与人之间的关系在本质上是爱恨并存的。你爱你的父母，但有时也恨他们；你爱你的孩子，但有时也恨他们；你爱你的伴侣，但有时也恨他（她），这些都是非常正常的。如果你否认和拒绝自己内心的"恨"，你内心的能量就会受到压抑和扭曲，那很大程度上，你就会显得"僵硬"，你内心的爱就难以自然流露出来。而当你接纳和允许这种"爱恨并存"时，让爱与恨的情绪都能够自然得以表达，当你的内心不再压抑时，你就能真正"爱"起来，内心的幸福感也会随之滋生。

2. 停止自我怀疑与自我否定，重建内在力量感

（1）选择性积极关注，重建自信

由于在原生家庭中常年经受指责，很容易让我们内化这些"攻击"而形成"自我指责"的模式，即总关注自己在生活和工作中做得不好、不对的地方，并以此为证据来自我否定、自我怀疑甚至自我攻击。长此以往，容易形成自卑和反复多疑的焦虑性格（如F先生的例子）。又或者，我们可能会沿袭

原生家庭中的指责模式，对身边的人加以指责和挑剔，长此以往，影响家庭关系或人际关系（如 O 女士的例子）。

想要走出这种困境，最直接的办法是把负面关注的角度逆转过来，专注于去寻找我们在生活中、每件事当中做得好的、积极的部分，去寻找身边人身上好的、积极的特点，并基于这些积极的素材来对自己及他人做出积极的评价。

你可以参考下面的表格，为每天的生活做一个"积极复盘"——把做得好的事情或者每件事情中做得好的部分一项一项记录下来，把周围人的优点也记录下来，作为呈现给自己的"证据"，并基于这些积极内容对自己和周围的人做出积极正面的评价。建议你将这个练习持续 28 天以上（28 天是我们身体细胞新陈代谢的一个完整周期，也是新习惯养成的一个心理周期）。在养成这个"积极关注"的习惯后，你的自我怀疑和否认，以及由此引发的焦虑，都会得到很大的改善。

记住，在复盘的时候，只能关注那些你做得好的地方，不可以写那些你做得不好的地方或你不够满意的地方。当你察觉到自己被"负面关注"的惯性所绑架时，你可能又开始写不好的方面了，没关系，用笔把它们划掉，在旁边重新写上你做得好的地方。多多练习，你就会逆转"负面关注"的心理惯性，你的自信心会增强，安全感也会得到很大程度的提高。

练习

积极复盘

复盘的事情

F先生：今天在会上的发言过程。

O女士：丈夫今天陪伴孩子的事情。

- ....
- ....

这件事里，哪些地方我（或者他人）做得好？好在哪里？

F先生：发言的时候我的表情和语速都很自然，特别是开头的时候，铺垫非常好。

O女士：今天老公陪孩子玩的时间比昨天长了10分钟，对孩子也比昨天耐心，还给孩子做了飞机。

- ....
- ....

我如何评价自己（或他人）？

F先生：我其实挺擅长公众发言的，而且一直在进步。

O女士：对于孩子的陪伴他也是很重视的，他也在努力做一个好爸爸。

- ....
- ....

（2）善用积极自我催眠的力量——"成功景象催眠法"

因为既往受到太多的否定和指责，我们内心是不够自信的，因而在做很多事情之前，我们常常会先有一个自我怀疑的预设："我能做好这件事吗？会不会像上次一样又搞砸了。"这时候，之前的失败经历和挫败感就会被潜意识引出来，进而引起焦虑，让我们越发紧张和不安。

那么，如何改变这种自我怀疑和焦虑的情况呢？在催眠疗法里，有一个很有效的自我催眠方法，叫作"成功景象催眠法"，即自己主动去建立一个关于成功的催眠场景，惟妙惟肖地想象每一个细节，好像自己已经成功完成了某一件事，以此暗示自己"我具备完成这件事情的能力，我将会顺利完成这件事情"。

"成功景象催眠法"最初源于体育竞赛中对运动员的心理训练。教练们发现，很多运动员会在真正的比赛中因为焦虑而发挥失常，远远低于自己的正常水平。于是，心理教练让运动员采用观想的办法提前适应比赛，就是在训练的过程中，让运动员想象自己在真正的比赛现场，想象现场的每一个细节，人群的欢呼喝彩，裁判的一举一动，想象比赛现场自己的感觉，每一块肌肉的运动，甚至是风划过皮肤的感觉，想象自己完美的发挥，以及赢得奖牌后的感觉。经过这种训练，运动员的心理素质得到了显著提高，焦虑得到了极大改善，在比赛中的发挥也更稳定和出色了。

"成功景象催眠法"背后的原理是，潜意识其实无法准确分辨想象和现实的区别。当想象成为一种习惯时，潜意识会把它识别为现实中的部分。所以，在想象中产生的自信感和控制感会延伸到现实生活中，帮助我们获得真实场景下的良好心态。

在我们的现实生活当中，自我催眠其实每天都在发生——我们对即将发生的事会做出推断，这件事可能如何演进，可能会有怎样的结果，我们在心中会对此有一个预估和想象。这个想象的场景，其实就是自我催眠的场景。F先生在每次当众演讲之前都害怕自己出错，其实是因为他在脑海中为自己建构了一个演讲出错的催眠场景，所以才会紧张焦虑。

那么，"成功景象催眠法"具体如何操作呢？很简单，在想象中建构一个惟妙惟肖的成功场景就可以了。把每一个细节都想象出来，如自己发挥自如，周围人对自己表示肯定和认可，现场的效果让人满意。要把每一个瞬间的细节，全都想象出来。这个想象的过程就是你在脑海中进行的一次次预演和彩排，你的潜意识通过成功的预演不断告诉自己，"我将会把事情完成得很好，我有能力实现这些"。于是，你会感觉到安定和自信。等到真正面临现实中的这个场景时，这种安定和自信的感觉也会真实地迁移过来，让你在现实中很好地发挥自己的能力。

也许你会问我，"对于自己的事情，想象成功的场景会有帮助，那么对于别人呢？比如，我去想象我的孩子开心地上学，想象我的爱人对我温柔又有耐心……那我的孩子和爱人的状态也会发生好的改变吗？"答案是：会的。只要你去努力想象自己希望的场景，事情就会越发接近你所想要的样子。因为，所谓现实，其实分为两个层面：一个是客观现实，另一个是心理现实。我们是无法真正感知客观现实的，每个人能感受到的只是自己的心理现实。通过想象（潜意识）的练习，我们尝试建构自己想要的场景，改变我们内心的感受和对现实的预期，进而我们的心理现实就会发生改变。举个例子，当你的心理感受是焦虑的时候，你可能看见什么都会焦虑。而如果你的情绪安定平稳，即使遇到真正的麻烦也不会带给你很大的困扰，你会积极看待困难、解决问题。也就是说，即使客观现实没有改变，只要我们对事情的看法和感受发生了改变，心理现实也会随之改变。因此，对于成功场景的积极想象，不管是以你自己为中心，还是以别人为中心，只要你持续去建构积极的想象场景，你所感受到的现实（心理现实）就会越来越接近你的期待。

现在就开始，对每一件即将发生的事情，去想象它最好的结果，去想象它真实地发生在你眼前的样子。记住，只能想好的，不能想不好的，一定要想着你想要的结果，并且惟妙惟肖地把那个场景建构出来。坚持这样做，你就会越来越自信，内心越来越有力量，焦虑也会随之大为缓解。

练习

以下这个自我催眠脚本供你参考，你可以直接使用它，也可以对它的内容做出修改，或者另行创作一个更适合你的催眠脚本，在里边融入各种你对生活的积极想象。每天去做这样的积极自我催眠，希望这个习惯能陪伴你毕生，成为你疗愈自己的"心灵法宝"。

请你找一个舒服的姿势坐下来，轻轻地闭上眼睛，去调整你的呼吸，让自己的呼吸深长而均匀，让自己的身体舒服地放松下来。

发挥你最大的想象力，在你的脑海中，想象一个电视屏幕，屏幕里正在播放你日常生活的场景。你起床，吃早餐，按往常的节奏生活。你知道，今天会如你想象般幸运，你将会在接下来的催眠场景中，经历所有你所希望发生的事情。

去想一想，你希望哪些事情发生呢，是让人舒服的人际交往关系？还是顺利地工作或者愉悦的学习氛围？还是发挥出自己最好的状态，完美地完成某件重要的事情？还是遇见某一个你喜欢的人？和你的家人或朋友一起度过美好的时光……不论你想要的是什么，发挥你最大的想象力，去想象这些场景真实地出现。

这种真实的感觉会让你觉得它们已经发生了，你不是将要拥有这些快乐、喜悦和满足，而是已经拥有了这些快乐、喜悦

> **练习**

和满足。去惟妙惟肖地想象每一个场景、每一个细节，甚至是与你说话的人的眼神，越真实越好，让这种感觉真实地来到你的身上。你知道，只要它们在你的潜意识里真切地存在过，就有助于你在现实中真正感受到它们。相信你潜意识的力量，它会把催眠状态下你想要的一切都带到你的现实生活中。而你需要做的只有一件事，就是在脑海中把你想要的画面想象出来，并且坚定不移地相信它们会发生，现实就会用它的方式回应你。

发挥你最大的想象力，去感受这一切，去感受此刻的幸福与满足……

让这种温暖的疗愈的感觉，在你内心自由流淌。当你感觉得到了足够的滋养，你就可以用舒服的方式，慢慢睁开眼睛，自己清醒过来。

第3节

整合你内在的"指责型模式",实现自我的成长与关系重建

\"我想爱你而不伤害你"/

上一节内容里,针对问题模式1"向内指责、向外讨好",我们通过练习帮助自己提升了内心的力量感。接下来在本节内容里,我们将针对问题模式2"广泛性指责",来进一步做出努力和调整。

1. 降低指责的"破坏力",减少心理压力和人际伤害

成长于"指责型"原生家庭氛围中的人,从小对"指责"的模式高度熟悉,因而也容易把"指责"的模式代入自己的生活中:一方面,容易对身边的人挑剔、苛求、指责;另一方面,往往也不能很好地接纳自己,内心总觉得自己不对、不好、不够尽力。

常见的有这两种指责形式。

第一,非理性的"责任归因"及"事后追责"。

似乎一定要把不理想的结局和某人(或自己)的行为绑定在一起,在其背后似乎有一个坚定的假设:"如果你(或我)做得足够好,事情就一定不会这样,都是你(或我)的错!你(或我)当时就应该这样,你(或我)为什么没有这样做呢?"

常见的表达有:

"孩子又感冒了。为什么你一带他出去玩他就感冒?我们带都没事。他出汗了你当时就该给他换衣服啊,你为什么不给他换?……"

"考试又没考好,为什么同样的题还会错?上次就错了,你不知道吗?你当时就应该把它背下来,为什么没背?……"

"这个忙我就不该帮他,我要是不帮他,就什么事都不会有。当时我就觉得不对劲,为什么我又答应了呢?唉,我这个死脑子真是该死……"

在上述这些表达里,你可以明显觉察出两个特点:第一,追责,即都是你(或我)的错;第二,纠结的点不在当下,而在无可补救的"当时"。这种指责方式会给他人或自己带来极强的挫败感和自责感,对人际关系和个体自尊感的破坏性极强。

第二,不公平对比。

拿指责对象(或自己)与另一个人做不公平的对比,即将指责对象(或自己)的缺点与别人的优点做比较,抬高别人，贬低指责对象（或自己）。

常见的方式有：

"你看你们班××，人家和你一样也是男生，人家就管得住自己，每天在家刷题，从来不拖欠作业，不需要家长提醒。你看看你，每天就知道偷着玩，以后人家考上重点中学了，你怎么办？你有什么前途可言？……"

"为什么我家宝宝总是不快乐，我真是太失败了。××孩子的妈妈也和我一样是全职妈妈呀，她学历还没我高呢，为什么她能做得那么好，她的孩子就那么开心？为什么我这么差劲……"

从上述的表达里，你可以明显感觉"不公平对比"所带来的心理失衡。它不仅会挫伤我们的自信，还容易把当事人引入一种莫名的嫉妒情绪中，破坏人与人之间的情感和关系。

那么，如何调整这两种破坏性极强的指责模式，以减轻它带给我们自己及周围人的伤害和心理压力呢？在指责之前，我们可以尝试做以下四个方面的心理调整，以帮助自己改善情绪基调和心理感受。

（1）允许自己和别人犯错。提醒自己，我们都是凡人，每个人都会犯错；

（2）综合归因。结果的发生往往是综合因素导致的，不仅仅是某一个人的责任，要全面看待导致结果的多个因素；

（3）既往不咎，聚焦当下。别再纠结于当时应该怎样，那些于事无补，应该专注于思考当下的解决办法；

（4）综合对比。当你想要拿自己与他人对比时，记得要综合对比，把双方的优缺点各写出 5～10 条，再来进行综合对比。很快你会发现，人和人是不具有可比性的，每个人都有自己独特的优点和缺点。

当你做完以上四个方面的思考和调整后，再向他人或自己表达"指责"，你的攻击性和破坏力就已经卸掉了一半，这时，你和对方所受到的伤害都会大为减轻。

在这里，我们强调的并不是去消灭"指责"这种表达方式，指责是每个人都需要具备的能力，它是一种心理上攻击性能量的表达，是我们自我保护及内心力量感的一种体现。我们只是需要合理地表达指责，让它成为我们冲突沟通中的有效方式，而不要成为自我伤害或者人际关系破坏的罪魁祸首。

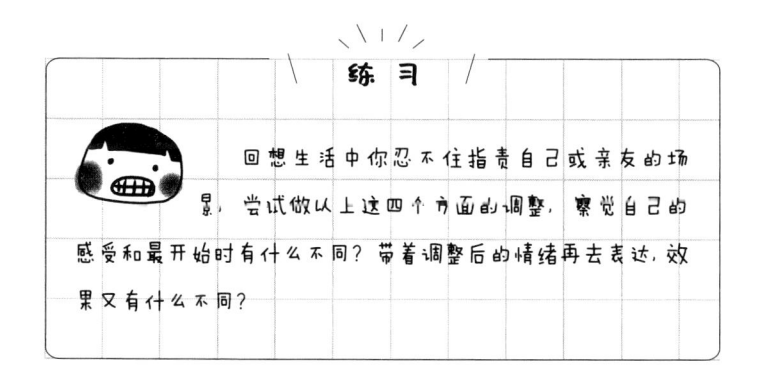

练习

回想生活中你忍不住指责自己或亲友的场景，尝试做以上这四个方面的调整，察觉自己的感受和最开始时有什么不同？带着调整后的情绪再去表达，效果又有什么不同？

练 习

（注：如果在你的指责中没有出现某类问题，则可以跳过。如，你没有拿自己跟别人对比，则可以跳过"综合对比"这个类目。以此类推。）

生活中你的指责场景：
例："孩子又感冒了。为什么你一带他出去玩他就感冒？我们带都没事。他出汗了你当时就该给他换衣服啊，你为什么不给他换呢？……"
- ……………………………………………………………………………
- ……………………………………………………………………………

允许犯错
例：人都会犯错，老公平时照顾孩子缺乏经验，犯错也是情理之中的事。
- ……………………………………………………………………………
- ……………………………………………………………………………

综合归因
例：一方面，确实爸爸没有照顾好；但另一方面，孩子好久没去游乐园玩了，玩得时间太长，太累，加上昨晚没休息好，也会容易感冒。
- ……………………………………………………………………………
- ……………………………………………………………………………

既往不咎，聚焦当下
例：现在孩子已经感冒了，更好地照顾孩子更重要。
- ……………………………………………………………………………
- ……………………………………………………………………………

综合对比
例：闺蜜的老公虽然很会带孩子，但比较沉默，没有我老公幽默，而且……（各自列出5～10条优缺点，综合对比）
- ……………………………………………………………………………
- ……………………………………………………………………………

情绪调整后，再去表达
例："你下次带孩子出去细心一点，他要是出汗了记得给他换衣服……"
- ……………………………………………………………………………
- ……………………………………………………………………………

2."指责"可能是你对自己心理需求的表达，但这种表达方式需改进

成长于"指责型"原生家庭氛围中的人，因常年受到压制，难以正面表达自己的想法和需求，而常用指责、嘲讽或阴阳怪气的方式来表达。

比如：

我的心理需求是"我希望你多关心我"，但我无法这样直接地表达，我可能会说"你为什么从来都不关心我？你看××的老公对她多好，你呢？你是怎么对我的？"

这件事你做得让我很暖心，但我难以直接表达"谢谢你"，我可能会说"你今天这是吃错药了吗，对我无事献殷勤，安的什么心啊？……"

类似的沟通模式，常常引发对方误解。然而，成长于"指责型"原生家庭的人，因成长历程中不被允许辩解或者辩解没有用，往往也不擅长解释和剖析自己，甚至在解释的过程中也会使用指责模式。

比如：

"你这人会不会理解别人的话啊？我明明没有这个意思，不知道你是怎么理解的！你要是听不懂人话我也没办法，你爱怎么想就怎么想，随便你！……"

我们生活中常见的"刀子嘴，豆腐心"，大概都是这样，

心里明明是善意的，嘴上表达出来就变味了，不会好好说话。这种"指责型"的表达模式，造成了很多不必要的人际误解和伤害，我们自己的内心也常常因此而受伤和孤独。

基于上述情况，我们可以做两件事来转变这种"指责型"的表达方式：

第一，察觉自己内心真正的需求和想法。成长于"指责型"原生家庭氛围中的人，对自己的内在需求和想法往往是压抑的、不敏感的、甚至是忽略的。因此，我们需要经常自我反观，察觉自己"我真正的心理需求是什么？我真正想表达的意思是什么？"

第二，用真诚直接的方式表达自己的想法和需求（好好说话）。一个人真诚直接地表达自己，最容易获得别人的理解和接纳。情感上而言，真诚直接地表达会带来人际安全感，我们更愿意与真诚的人为伴，甚至对他们的瑕疵有会更高的接纳度。

当你想要伴侣更多的关心，请直接向他表达"你以后更多地关心我好吗？"，而不要去说别人的老公是如何关心她的，因为这是另一件事，跟你的需求完全无关。

当你想要向人澄清误解时，你可以直接表达"你误解了，我其实想表达的是另一个意思"，而不要去说他"听不懂人话"，因为这是另一件事，事情会因此演变成另一个性质。

接下来，让我们通过下面的练习，来帮助你进行自我觉察，以及尝试真诚直接的表达。

练习

回想你生活中，由"指责型表达"引发误解的人际冲突场景，尝试觉察自己内心的需求和想法，以及调整自己的表达方式，以实现真诚直接的表达方式（好好说话）。

由你的"指责型表达"引发误解的人际冲突场景

例：提醒高中的儿子保护视力，少看手机。

-
-

察觉自己内心真正的需求和想法

例：关心儿子，爱儿子。

-
-

当时你怎样的表达引发了误会？

例："你就看吧，尽管看！哪天瞎了你就开心了！告诉你，我死都不会管你的！"

-
-

尝试真诚直接的表达方式（好好说话）

例："孩子，妈妈爱你，很担心你的眼睛，你少看一会手机好吗？"

-
-

3. 理性看待我们身上的"指责"模式

"广泛性指责"可能不是你真正的问题,而是你在问题解决过程中某一个阶段的问题。

成长于"指责型"原生家庭氛围中的人,因常年受到"指责"的攻击,内心的力量感是弱的,因而容易呈现出讨好的行为。但随着内心力量感的恢复与提升,我们的行为模式可能会出现阶段性的转变:从原先的"讨好"逐渐过渡到"指责"(从无力进行自我保护到有勇气向外指责攻击),经过一段时间的调整与整合,逐步实现内心的平衡,最终形成属于自己的一套更具适应性的、新的行为模式。这个转变的过程,就是我们人格自我成长和完善的过程。

在此过程中,我们可能会对自己及身边人产生不适感,这是正常的,过了这个阶段,当你形成了自己的整合模式以后,状况就会好起来。在这个阶段,你还可以用第二阶段第六课第 2 节中提到过的"人格带入法"帮助自己更快整合与成长。

修复安全感，重建你的生活

➡ **课前提要**

在前两节课里，我们探讨了"控制型"原生家庭氛围和"指责型"原生家庭氛围带给我们的影响，以及减少这些影响的办法。接下来，在本课的内容中，我们将探讨原生家庭中的"忽略型模式"给我们带来的影响，以及教给大家相应的处理办法。

第1节

原生家庭中的"忽略型模式"及其影响

"不要离开我，我好怕"

在原生家庭中，如果父母（或抚养者）缺少对孩子的关爱、忽略情感沟通，会对孩子的心理层面产生什么影响呢？让我们来看看以下这几个来访者的故事。

我的来访者A小姐是个无法忍受孤独、特别黏人的女孩。她对妈妈很依赖，每天都要打电话聊很久；对于同事和闺蜜也很黏，在公司不管上卫生间、去茶水间，还是吃饭都要拉上同事陪着；在微信里跟闺蜜们互动频繁，每天都要煲电话粥，每周都要约见。在亲密关系中，A小姐难以拒绝追求自己的人，即使不喜欢对方，也要给对方希望，努力维系对方对自己的爱。似乎在所有的人际关系中，A小姐都希望超越普通的社交距离，更进一步贴近对方。

最近A小姐遇到了真爱，男友比他大很多，像一个"理想父亲"一样宠着她、哄着她。A小姐一边觉得很有安全感，一边又忍不住担心男友离开自己，恨不得24小时黏着他。A小姐白天不断给男友发微信，对方如果回复晚了或回复简短，她就会生气，甚至把对方拉黑。有时男友没能及时接听电话，A小姐就会一个接一个地打。等到对方回电，A小姐就会情绪崩溃，指责对方。在亲密关系中，A小姐似乎不断循环于"讨好"和"控制"两个极端状态：一方面隐忍讨好，想赢得对方更多的爱（"你说什么我都会乖乖听的，你千万不要离开我"）；另一方面，又常常不顾对方的处境和感受，任性索取爱（"我今晚一定要见到你，你加班再晚也要来，不然你就永远别来"）。然而，一旦需求受挫，先前的压抑和隐忍就转化成愤怒，A小姐会攻击对方（"我为你付出了那么多，你这么对我简直就是混蛋"），攻击过后又害怕失去对方，又重复之前的讨好模式（"都是我不好，不该这么任性，我以后会改的，你不要离开我"）。如果讨好无效，则用威胁的方式控制对方（"你要是跟我分手我就自杀，我说到做到"）。为此，男友不堪忍受，A小姐的亲密关系陷入困境。

我的来访者C先生，多年来一直努力做大家眼中的"好人"。在同性面前他是仗义的好哥们，宁愿自己饿肚子也要借钱给兄弟；在异性面前他是知心暖男，哭的时候递肩膀，寂寞的时候深夜陪聊。C先生记得身边每一个朋友的生日，他会为每一个人送祝福送礼物，他渴望人人都把自己当成最好的朋友、最信赖的人。为了得到大家的爱和关注，C先生经常夸大自己的能力，在人前充有钱、夸海口、装大哥，装作很能把控局面的样子，然后在人后悄悄做出牺牲，为自己夸下的海口埋单。比如：假装有钱，给朋友送奢侈品礼物，自己默默还信用卡半年；假装认识医生，带朋友看病，然后自己花高价找黄牛挂号；假装有能力摆平老板，为同事的过错顶包，结果导致自己被开除，等等。周围的朋友也看出了C先生的刻意讨好和"外强中干"，但他们并不珍惜他的付出，甚至有时还会拆穿他的"吹牛"，拿之前的失败取笑他。

常年在人际关系中处于讨好的一方，让C先生感到深深的疲惫；过度奉献换不来自己想要的爱和关注，让C先生很受伤。

我的来访者K女士非常爱孩子，并为此感到十分焦虑。一方面，她特别在乎孩子的情绪和感受，生怕孩子受一点点伤，对孩子展露出极强的讨好态度，非常依恋孩子。另一方面，又高度控制孩子的行为，试图处处"帮助"孩子。比如：孩子在院子里玩儿，K女士会密切注意孩子的一举一动，"别的小孩子都在跑，你为什么站在原地看？你也和他们去跑啊！""他抢了你的球，你怎么不去抢回来？你要学会保护自己""那个小孩在欺负你，你看不出来吗？走，别和他玩儿了！"……孩子有时不愿听K女士的话，K女士就会特别焦虑，"你听不听话？不听话妈妈下次再也不带你出来了""妈妈生气是因为你不乖，都是你惹妈妈生气的""你如果爱妈妈就不能这么做，你这么做就是不爱妈妈"。如果孩子还不屈服，K女士也会试着来软的，"妈妈伤心了/生病了，你快来哄哄妈妈吧，妈妈那么爱你"……如此软硬兼施，让孩子听话服从。有时，看到孩子伤心难过，K女士又会很自责，向孩子诚恳道歉，请求孩子的原谅。如此，在讨好与控制两个极端模式中交替循环。

近期孩子出现了抽动症，情绪崩溃的时候还会自己打自己，K女士这才意识到，自己的行为模式可能有问题。

从以上A小姐、C先生和K女士的故事中，我们不难发现三个关键词：依恋、讨好和控制。那么，这三个模式可能和怎样的原生家庭氛围有关呢？接下来让我们看看这三位来访者的原生家庭和成长经历。

A小姐的原生家庭：

A小姐从小父母离异，被判给父亲抚养。从幼儿园到小学再到中学，A小姐上的都是寄宿学校，每个月才能回家一次。因为A小姐长得像母亲，父亲不喜欢她，对她态度冷淡、视而不见。A小姐只能尽力讨好，才能得到父亲多一点点的关注。得知了A小姐的情况，老师和同学都对她更为关照，而A小姐也逐渐对老师和同学养成了讨好和依赖的习惯。

高中时，父亲放弃抚养权，A小姐搬去随妈妈生活。因为多年不见，A小姐非常黏妈妈，像小孩子一样，晚上要跟妈妈睡一张床，拉着妈妈的手，贴着妈妈睡，洗澡也要妈妈帮她洗。母女俩非常要好,无话不说。

此后,离开妈妈去上大学再到工作,A小姐一直保持着黏人的特点,从小对爱的缺乏让她极度渴望与人建立更深的关系,难以忍受孤独和分离。

C先生的原生家庭:

C先生从小成长于一个多子女家庭,在孩子当中排行靠后。家里孩子多,父母又要务农养家,父母对孩子们只管一日三餐,几乎没有情感交流。从有记忆开始,C先生就一直跟着哥哥姐姐,哥哥姐姐都比他大,嫌弃他小,不带他玩儿。在学校里因为身材矮小,C先生也常被同学欺负和排斥,一直很孤独。

为了得到大家的接纳,C先生开始讨好周围的人:姐姐早恋了,帮姐姐送信给小男生,还陪姐姐谈心;哥哥闯了祸,帮哥哥隐瞒父母,被父母打屁股也不出卖哥哥;从家中带到学校的食物,拿出来讨好同学,他经常自己忍着饿……这些都只为了让大家和他玩儿。除了讨好,C先生还常常刻意扮丑出洋相,引得同学们哄笑,以博取周围人的关注。

在C先生的记忆中,自己从小就活得很累,要一直努力付出,才能换得别人对自己一点微薄的爱。

K女士的原生家庭:

K女士小时候在外公外婆家长大。父母因为生了弟弟,无法同时抚养两个孩子,所以把弟弟留在身边,把 K 女士交给外公外婆抚养。外公外婆对她很好,直到 7 岁 K 女士被父母接回家。

原本 K 女士一直盼望和爸爸妈妈生活在一起,但回到家以后,事情却和她所想的完全不同。父母有着严重的重男轻女思想,K 女士几乎沦为弟弟的保姆。弟弟受伤了,父母会怪她,说她没有照顾好弟弟;弟弟犯了错,父母也会骂她,说她没有管教好弟弟;弟弟学习成绩不好,父母也会怪她,说她没有认真教弟弟。在父母眼中,K 女士似乎不是一个孩子,根本不应该有孩子的需求。晚上她因为害怕睡不着,不断翻身,父母就会骂她,说她翻来覆去影响大家睡觉;她生病了无法去上学,父母也会骂她,说她穿衣服少自己找病,就嫌大人不够累,总给大人添麻烦;看到同学有漂亮的文具,她也想买,父母就说她没良心,父母挣钱那么辛苦,她还一心只想着瞎花钱……K 女士在成长过程中一直提心吊胆,要照顾好自己,又要照顾好弟弟,不能出任何纰漏,不能给父母添麻烦,否则父母给自己的爱就会更少。

长大以后有了自己的家庭,K 女士特别希望孩子能够快乐幸福地成长,不要重复自己童年的不幸,所以对孩子的关注总有些"用力过猛"。

从 A 小姐、C 先生和 K 女士的故事中,我们可以感受到"忽略型"原生家庭氛围所带给一个人人格层面的深刻影响。所谓

"忽略型"原生家庭指的是：在原生家庭中，父母(或抚养者)对孩子的爱、关注、依恋，以及情感支持过度缺失或严重不足。

其中最常见的有两种情况：

（1）童年与父母分离，遭遇抚养者的情感忽略。

（2）在原生家庭中遭遇父母的情感忽略。

由于成长过程中爱的缺失，孩子严重缺乏安全感和控制感，成年以后，容易展现出如下人格特点：

1. 依恋需求强烈

在关系中有很强的分离焦虑，难以耐受孤独，对陪伴需求强烈，渴望与人建立非常贴近的关系（如A小姐、C先生）。在人际交往中，常表现得"黏人"（有的偏向于黏异性，有的对同性和异性都黏）。在异性交往中，常常难以拒绝追求者，难以忍受失去别人的爱（有时会与多位异性保持暧昧，以满足自己对爱的渴求）。

2. 强烈的不安全感，控制欲强

在关系中有强烈的不安全感，害怕失去爱，因而常展现出控制欲、占有欲。比如：在与朋友交往中，不许自己的好友再拥有其他好友。在亲子关系中，只许孩子跟自己亲近，不能容忍孩子跟其他抚养者亲近，或对孩子的行为控制欲强（如K女士）。在亲密关系中，不许伴侣跟异性朋友交往，或密切关注伴侣的一举一动（如 A 小姐）……

3. 渴望关注，讨好倾向

在群体中，渴望大家的认可和关注，在乎他人的评价，试图让所有人满意，试图证明自己的价值，刻意迎合与讨好他人，害怕关系破裂（如 C 先生）。在亲密关系和家庭关系中，害怕被抛弃，害怕失去亲人的爱，因而常常展现出卑微和讨好的姿态（如 A 小姐、K 女士）

总而言之，"忽略型"原生家庭氛围下长大的孩子，终其一生都在渴望爱、寻求爱，为了得到爱而不惜付出一切代价。他们对爱一直保持着"饥饿"和"贪婪"，似乎再多的爱都"吃不饱"，并且一直处于患得患失的忐忑状态中，不敢相信自己真的能拥有爱，潜意识中总有一种"我不配"的感觉，即使得到了爱也总担心自己会失去，一生都生活在不安全感之中。

与此同时，根据我在临床心理咨询工作中的观察，很多成长于"忽略型"原生家庭氛围的人，还容易出现各种焦虑性的躯体症状（没有明确病理原因的躯体疼痛或不适），以及因此产生疑病症状（严重者会不停跑医院，反复做检查）。究其背后的心理原因，其实不难理解：通过身体的不舒服，唤起家人对自己的爱和关注。这其实也是我们潜意识里弥补"爱的渴求"的一个重要心理途径。所以，我常常对来访者说，也许你不是真的生病了，而是真的缺爱。

练习

你有没有上述提到的"忽略型"原生家庭留下的特质（或其中的部分特质）？它们都是如何体现在你生活中的？

-
-
-

它们可能和你原生家庭经历的哪些"忽略"有关？你想起了哪些与之相关的创伤事件？

-
-
-

第2节

修复安全感，重建你的生活

"你是被爱的，睁开眼睛看看周围"

上一节内容里，我们解析了原生家庭中的"忽略"所带给我们的深刻影响。接下来，我们将通过练习帮助你修复与此相关的心理创伤，重建内在力量与自信。

1. 修复原生家庭中的心理创伤

在上一节练习中，我们找到了与原生家庭"忽略型模式"相关的创伤事件，请你再次回到事情发生的当时，体会自己当时的感受，完成以下练习。

（如果你回想起来很多创伤事件，可以根据以下办法，找时间分别进行处理。）

事情发生当时的你太弱小，孤立无援，只能隐忍和讨好。所幸，现在你终于长大了，有能力保护和照顾自己了。

如果现在的你穿越到当时，你会对当时的自己说些什么？

把这段经历告诉爱你、理解你的人，寻求对方的共情和情感支持。

> **注意**
>
> "被看见"是疗愈的开始，告诉对方你需要的不是评价（对与不对，好与不好），更不是教导与指责（你当时就该怎样，或者你这样想是不对的）。你需要的是得到他人的理解和支持。如果对方不能与你共情，请果断放弃向他倾诉，另寻适合的人选。

例：K女士

我的创伤事件：我小时候，夜里一个人睡在黑暗的房间，很害怕，睡不着，但又不敢动，不敢翻身，怕父母责骂，只能拉过被子死死蒙住头，把自己捂得满身大汗，可还是很害怕。

如果现在的我穿越到当时，会对当时的自己说："没关系，天就快亮了，你就快长大了，长大以后你就可以逃出这间屋子了，你再也不会回来。"

找一个安静的时间，把这段经历告诉爱你、理解你的人：有一天晚上，睡觉前我把这段经历告诉了我先生。先生说："没事，你已经长大了，以后再也不用一个人睡了，我会一直在你身边。你要是害怕就拉着我的手……"

通过这个练习，K女士内心的创伤得到了很大缓解，情绪也得到了平复。

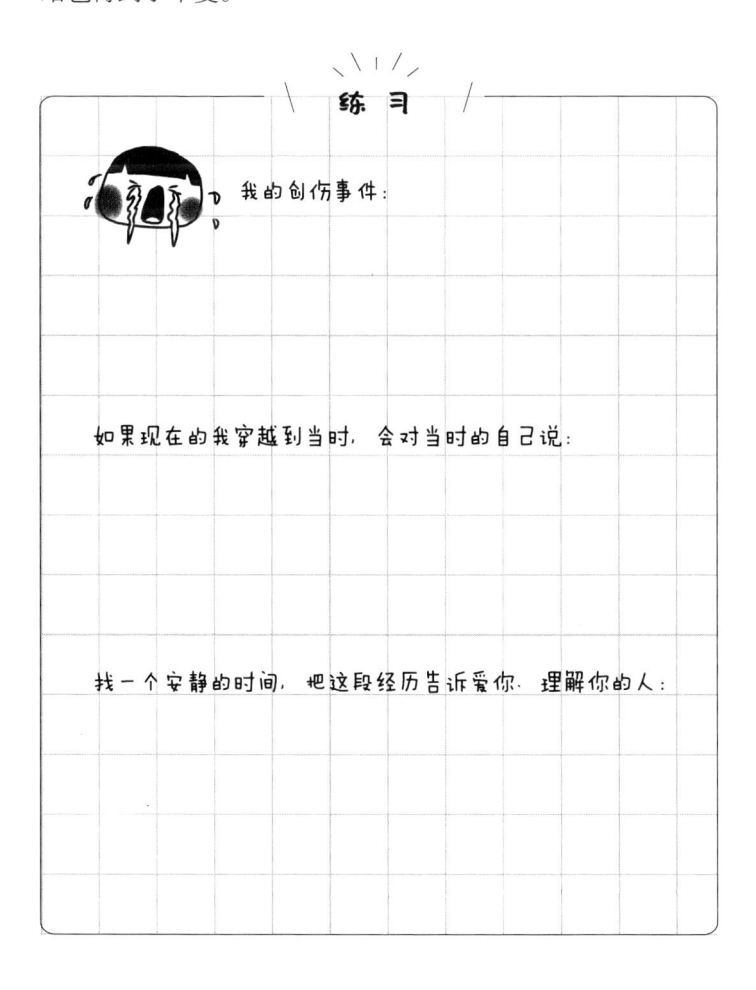

练习

我的创伤事件：

如果现在的我穿越到当时，会对当时的自己说：

找一个安静的时间，把这段经历告诉爱你、理解你的人：

2. 见证被爱，修复人际安全感

上一节内容中我们提到，成长中爱的缺失会让我们产生严重的不安全感，一方面对爱保持"饥饿"和"贪婪"（高度依恋），另一方面又不敢相信自己真的能拥有爱，潜意识中总有一种"我不配"的感觉，害怕伤害/得罪了对方，对方就会抛弃我们，因此在关系中小心翼翼、患得患失。其实，爱不是那么脆弱的，每个人都有受挫折的能力，人和人之间是有"情感存款"的，你可能会让别人失望，但不会轻易失去他们对你的爱。你需要对人和人之间的情感多一点信任和信心，更需要看到自己的价值——你值得被爱！

以下这个练习会帮你见证自己的被爱，以帮助你恢复心理上的安全感。当你的安全感得到恢复，你的"讨好"倾向和"控制"需求都会得到缓解。

回想一下，自己曾经做过什么伤害/得罪某人（可以是一位或几位对你而言重要的人）的事情，但之后并没有影响你们的感情？

这个人是谁，你跟他的交情如何？（"情感存款"）

你猜，你身上有哪些特质（优点）是他认可和欣赏的，让他即便受挫也愿意继续和你保持关系？

你曾在哪些时刻帮助或陪伴过他，或给过他怎样的情感支持？

当时如果没有你的帮助和支持，他可能会怎样？

你猜，对于你伤害/得罪了他这件事，他是怎么想的，他为什么愿意继续和你保持关系？

如果下次他也做了类似的事情、不小心伤害/得罪了你，你会继续和他保持关系吗？你是怎么想的？

最后，在心底默念三遍："爱是经得起挫折的，我是一个值得被爱的人，我拥有的爱是安全的、真实的、持久的"。

例：A女士

自己曾经做过什么伤害/得罪某人的事情，但之后并没有影响你们的感情？

"我假装自杀，要挟男友不能跟我分开，后来我们又和好了。"

这个人是谁，你跟他的交情如何？

"是我的男友，我们很相爱。"

你猜，你身上有哪些特质（优点）是他认可和欣赏的，让他即便受挫也愿意继续和你保持关系？

"我很爱他，对他温柔体贴，生活上处处照顾他，一日三餐都做他爱吃的食物，每天把他的衣服洗好、熨平、准备好，方便他第二天出门。我们有共同语言，常常能对谈好几个小时。"

你曾在哪些时刻帮助或陪伴过他，或给过他怎样的情感支持？

"在他事业最低谷的时候，我一直陪在他身边支持他、鼓励他，连房子都抵押了，帮他贷款，帮他度过了最困难的时期。"

当时如果没有你的帮助和支持,他可能会怎样?

"如果当时我没有帮他,他可能事业上就翻不了身了,可能从此一蹶不振。"

你猜,对于你伤害/得罪了他这件事,他是怎么想的,他为什么愿意继续和你保持关系?

"我想,他也能理解我当时绝望的心情吧,他知道我不是故意的,我只是太想挽回他了。"

如果下次他也做了类似的事情、不小心伤害/得罪了你,你会继续和他保持关系吗?你是怎么想的?

"会的,我也会理解和原谅他。我相信他不会故意伤害我的,一定也是不得已……"

最后,在心底默念三遍:"爱是经得起挫折的,我是一个值得被爱的人,我拥有的爱是安全的、真实的、持久的。"

"爱是经得起挫折的,我是一个值得被爱的人,我拥有的爱是安全的、真实的、持久的。"(默念三遍)

经过这个练习,A小姐的不安全感得到了很大改善,内心也平和、踏实了很多。

练习

按照上述办法,尝试帮助自己修复人际安全感。回想一下,自己曾经做过什么伤害/得罪某人(可

练习

以是一位或几位对你而言重要的人）的事情，但之后并没有影响你们的感情？
-
-

这个人是谁，你跟他的交情如何？（"情感存款"）
-
-

你猜，你身上有哪些特质（优点）是他认可和欣赏的，让他即便受挫也愿意继续和你保持关系？
-
-

你曾在哪些时刻帮助或陪伴过他，或给过他怎样的情感支持？
-
-

当时如果没有你的帮助和支持，他可能会怎样？
-
-

你猜，对于你伤害/得罪了他这件事，他是怎么想的，他为什么愿意继续和你保持关系？
-
-

如果下次他也做了类似的事情，不小心伤害/得罪了你，你会继续和他保持关系吗？你是怎么想的？
-
-

最后，在心底默念三遍："爱是经得起挫折的，我是一个值得被爱的人，我拥有的爱是安全的、真实的、持久的。"
-
-

3. 重建你的生活

以下三个步骤是需要你在生活中慢慢做出调整去实现的，是你个人成长的必经之路。当你通过努力逐渐实现它们时，你对依恋的需求就能够得到很好的满足，对于周围人的"控制欲"也会大为缓解，人际关系质量也会得到改善。

（1）建立强大的社会支持系统，满足依恋的需求

成长过程中爱的缺失，让我们对依恋的需求特别强烈。但是，我们常常会将依恋的需求高度捆绑在身边亲近的人身上（黏某一个或某几个人）。这就容易造成对身边人的界限过度侵占，给他们带来过重的情绪负担。那么，该怎样合理满足我们对依恋的需求呢？答案是将这个需求拆解，分担给很多人——建立一个强大的社会支持体系。

你需要有广泛的社交，各种各样的朋友，同性朋友和异性朋友都要有。他们不需要都是你推心置腹的人，只需要在某些方面和你契合，如有着共同的兴趣爱好或者话题。这些远近亲疏各异的朋友会组成你强大的社会支持网络，当你需要的时候，可以更容易找到陪伴你、给你情感支持的人，以满足（或者部分满足）你对于依恋的需要。与此同时，你还可以获得看待问题的不同视角，帮助你更灵活地处理生活中的各种问题，减轻心理压力。并且，在你的心理需求得到满足的同时，你也会反哺别人宝贵的情感价值，以此拥有更高

质量的社会支持和人际支持。

（2）学会情感的分化与表达

成长过程中爱的缺失，会导致我们的情感分化不完全。很多时候我们无法很好地觉察自己的情绪、情感及心理需求，只知道自己难受，却不知道自己为什么难受，以及自己需要什么帮助。

这是因为在孩子的最初成长过程中，是需要父母去帮助我们进行情感分化的。最开始，孩子在难受的时候只知道自己难受，却不知道为什么难受，以及怎么做才能让自己好受一点，所以，孩子能给出的表达就是哭闹。这个时候，父母会承担一个引导者的角色，帮助孩子进行情绪和情感的分化。比如："宝宝为什么哭呀？是饿了吗？是伤心了吗？是疼了吗？"这个时候，孩子就会渐渐学习和理解，什么感觉是饿，什么感觉是伤心，什么感觉是疼。接下来父母又会告诉孩子，"如果饿了，你需要的是食物。如果伤心了，你需要的是安慰。如果疼了，你需要的是治疗。"通过这样的过程，孩子就会知道：我怎么了，以及我需要什么。

然而，在"忽略型"的原生家庭里，因为父母对孩子的爱和关注都严重缺失，很多孩子都没有机会得到父母的帮助，无法分化自己的情绪情感。所以在社会生活中，很多时候我们对自己的痛苦是不敏感的。我们不知道自己为什么痛苦，以及不知道该怎么做来帮助自己缓解痛苦。于是我们像孩子一样通过情绪发泄、哭闹、"作"来表达我们的痛苦,向身边的人求助。而身边的人也无法给我们帮助,因为我们自己都不知道自己需要什么。并且,往往对自己的情绪和情感不敏感的人,对于他人的情绪和情感也缺乏共情能力,所以很多时候我们可能会忽略别人的痛苦,而显得自私和任性,"作"和"闹"的时候缺乏分寸,甚至会触碰对方的底线。

因此,想要更准确地表达自己,想要得到别人的有效帮助,我们就需要回到最初的阶段去帮助自己实现情绪、情感的分化。通过不断的向内觉察,了解和揣摩自己——"我怎么了?""我为什么难过?""我要怎样才能让自己好受一点?""我需要怎样的帮助?"……这是一个向内觉察的过程,通过这个过程,我们帮助自己再一次成长,实现情绪和情感的分化。当我们越来越了解自己时,我们也就可以更好地与自己相处,同时,也可以更好地表达自己的需求,帮助身边的人了解我们,从而获得爱和帮助。

(3)控制感的恢复

成长过程中爱的缺失,导致安全感缺乏,而人在越不安全的时候,越需要控制感。就像我们在上一节当中提到的K女士和A小姐,她们将控制的需求指向了孩子和伴侣,进而导致对方的界限被过度侵犯,彼此的关系出现问题。那么,如何才能满足我们对控制感的强烈需求呢？答案是：把控制的对象从别人的生活调整回自己的生活。

正如我们每个人只能控制自己的身体一样，我们只能把控自己的生活而无法控制另一个人的生活。如果把控制的需求建立在别人身上，我们是注定会失望的。所以，不如把注意力从别人身上拉回到自己身上，去寻找自己的兴趣、爱好，以及能够带给自己愉悦的生活中的小事，可以是健身跑步、跳舞、弹琴、唱歌，也可以是烹饪、刺绣、做手工、阅读，等等，所有你愿意去做的事情，都可以成为满足你控制感的最佳选择。当你专注于做一件小事的时候，你的控制感就会聚焦在这件事情上，而在整个过程中你就是把控者，你可以根据自己的心意调整其中的每一个细节，从而充分享受控制的乐趣，并且这件事情的完成也会带给你巨大的成就感和满足感。

因此，想要撤回对别人生活的侵犯，维系舒服适度的人际界限，从现在开始，就尝试去做一些帮助你恢复控制感的小事吧。不要小看了这些小事，当你找到它们背后的意义时，你就重建了自己的生活，甚至重建了自己的人生。

修复边界，放下不该承受之重

➡ 课前提要

　　在前面三课里，我们深入探讨了"控制型""指责型"和"忽略型"三种原生家庭问题模式带给我们的影响，以及针对这些影响我们可以采用的自我疗愈方法。接下来，本课要探讨的不再是原生家庭的教养模式，而是原生家庭中的角色和边界问题。

第1节

原生家庭中的"角色错位"及其影响

"为什么我活得比别人累?"

通常而言,在一个健康的原生家庭里每个人都应该在自己的角色位置上——父母是彼此的伴侣,孩子是被父母照顾与保护的对象,在多子女家庭中,孩子之间是平等互助的关系。在这个生态系统中,每个人的角色都有对应的位置。假如这个位置出现了偏差,会给我们带来怎样的影响呢?

以下这两个来访者的故事就发生在你身边,又或者和你的情况相似,让我们来看看他们的困扰,以及原生家庭中发生的问题。

我的来访者T女士人称"扶弟魔",对弟弟百般扶持,为弟弟还房贷,为弟弟买重疾险,为弟弟找工作,弟弟有了孩子,她给孩子买衣服、请保姆。弟弟花她的钱,却不领她的情:她介绍的工作弟弟不喜欢;她买的保险弟弟总想退;房子的贷款弟弟从不过问,一副理所当然的样子;她给孩子买的衣服弟媳瞧不上，都送人了；她请的保姆，弟弟和弟媳天天挑剔。

除此以外，T女士对父母也是百依百顺：父亲想换高档车，T女士明知没必要，而且自己手上也没那么多钱，却依然贷款给父亲买；妈妈做手术让T女士垫付医药费，说等医保报销下来就给她，结果医保报销了，妈妈却把钱拿去消费，花光了才告诉她；妈妈的远房亲戚结婚，父母让T女士给亲戚大红包，让他们有面子……T女士经常觉得，自己就是全家人的大家长和钱袋子，没有人真正心疼自己。

在工作中T女士也是大包大揽。作为团队领导，她总是竭尽所能亲力亲为，整个团队7个人的工作，她几乎一个人就干了一半。而手底下的人却并不感激她，一边偷懒还一边私下议论她，说她"把有技术含量的活儿都抢走了，剩下的糟烂活儿才分给大家干""总把着机会不让年轻人成长，就想在上级面前抢风头"。T女士觉得很累、很委屈，既然在家在外都费力不讨好，为什么还要付出那么多呢？

我的来访者F先生深受婆媳矛盾的困扰。自从在京买房结婚后，妈妈就把爸爸抛在老家，自己搬来儿子家同住，俨然一副女主人姿态。她每顿都做儿子爱吃的饭菜，在家总和儿子用家乡话热聊。儿媳既吃不惯他们的家乡菜，又听不懂他们的家乡话，在家非常尴尬。此外，妈妈还对F先生照顾细腻，帮他擦汗、吹头发、洗内裤和袜子、准备次日上班的衣服，晚上还进房间帮F先生和儿媳盖被子。儿媳感觉婆婆取代了自己的位置，自己在家里简直就是多余的，因此数次吵闹要求婆婆搬走。周围邻居看不下去，委婉地暗示婆婆："你在儿子家住这么久，会不会不方便啊？老伴儿在家肯定也想你了，你不回去陪陪他呀？"婆婆理直气壮地说："房子是我花钱买的，这是我自己家，我住自己家天经地义。要走也是她（儿媳）走，大不了就离婚，我儿子那么优秀，随便再找一个都比她强。"

F先生理解妻子的感受，也数次跟妈妈沟通，但效果都不明显。如果让妈妈搬走，又怕会伤害妈妈。夫妻矛盾愈演愈烈，几乎走到了离婚边缘。

从T女士和F先生的故事中，我们不难发现，他们的家庭角色出现了问题。T女士明明是弟弟的姐姐，却好像弟弟的妈妈；T女士父母像不懂事的孩子，而T女士却像溺爱孩子的父母。而F先生的角色则更为尴尬，他似乎成了妈妈的伴侣，而自己的妻子却被边缘化，似乎成了关系中的第三者。

那么，如此错乱的角色混淆是如何产生的呢？让我们再来看一看T女士和F先生的原生家庭。

T女士的原生家庭：

T女士出生在农村，5岁开始做饭。爸爸外出务工，妈妈喜欢打牌。上小学的时候，T女士每天中午都要回来给妈妈做饭，做好了饭挨家挨户去找妈妈，看她在哪家打牌，把她叫回来吃饭。有时候妈妈正在兴头上，T女士只能饿着肚子在一边等着；有时候妈妈生气了还会迁怒于T女士，T女士还得哄着妈妈尽快回家吃饭，因为吃完饭T女士还要洗碗，下午还要赶着去上学。弟弟比她小7岁，几乎就是她带大的。只要她一放学，妈妈就把弟弟丢给她，自己出去打牌了。T女士背着弟弟做饭，背着弟弟学习，家里有个小摊儿，她还得背着弟弟摆摊卖货。

在父母心中，T女士似乎从来就不是个孩子，而是这个家的小家长、顶梁柱。他们总觉得弟弟年纪小、能力弱，需要姐姐多照顾。而对于姐姐，他们竟然一直都记不清她的年龄，总觉得姐姐比弟弟大了十几岁。在父母心里，T女士似乎没有什么做不到的事，并且永远不会有脆弱和累的时候。

F先生的原生家庭：

F先生从小在妈妈的高度关注和疼爱之下长大，一直是妈妈的骄傲和希望。妈妈所有的心里话都会跟F先生说，凡事都跟他商量。家中爸爸性格内向懦弱，几乎没有存在感，而妈妈强势优秀，独立工作，挣钱养家。爸爸在家地位低，没有话语权，动辄被妈妈贬损。小时候妈妈就常教育F先生，长大不能跟爸爸一样"不求上进，没出息"。F先生也一直跟妈妈立场一致，瞧不起爸爸，经常和妈妈一起"批斗"爸爸。后来爸爸婚内出轨，F先生还和妈妈一起去"捉奸"、打"小三"。

在妈妈的授意下，F先生甚至出手打过爸爸的耳光。

长大后，妈妈把所有的爱都投注在F先生身上，拿出毕生积蓄帮儿子买房，打算下半辈子跟着儿子过。在妈妈眼中，F先生是世上最优秀的男性，普通女孩全都配不上他，F先生先前的多次恋情都在妈妈的反对下夭折，因此这次婚姻尤其来之不易。

从T女士和F先生的原生家庭历程中，我们看到了这场"角色错位"的"前世今生"：原来，从小时候开始，T女士就是整个家庭的"小家长"，而F先生从小就取代了爸爸，成为妈妈的"伴侣"。他们从小就承担了那么多原本不属于自己的责任，以至于成年以后仍旧保持着心理惯性，默默承担着生命中原本不该承受之重。

原生家庭中的角色错位常有两种情况，即孩子充当了伴侣的角色，孩子充当了父母的角色。在角色错位的原生家庭中长大的人，容易在社会生活和家庭生活中角色混淆、对自己定位不清，常展现出如下特点。

其一，压抑隐忍、委曲求全，过度承担和损耗自己。背负着原本不属于自己的责任，承受过多的压力。（如，T女士明知自己在为全家人过度付出，却任劳任怨；F先生明知妈妈的行为欠妥，却宁愿顶着妻子的压力，顾及妈妈的感受）

其二，边界不清，易被别人侵犯边界，也易侵犯别人的边界，因此常有人际关系的困扰。（如，T女士过度帮助弟弟，其实侵犯了弟弟的边界，因而引发对方不满。同理，其职场状态也如此。）

总体看来，他们生活得很累又费力不讨好，常有过度付出后的亏空感和不公平感。

想要缓解由此产生的焦虑，我们首先需要察觉自己身上与此相关的问题。以下练习将帮你回顾自己的成长历程，对原生家庭中的角色定位做出反思。

练习

察觉你的原生家庭，每个人的角色符合其位置吗？你是怎样的角色？你的感受如何？

如果你的原生家庭中也出现了角色错位，请继续思考以下问题：

（1）你在其中过度承担了哪些责任？而在你原本的位置上，你的责任本应是什么？

（2）在今后的生活中，你打算放下哪些本不该你承担的责任？你打算在原生家庭里回归怎样的位置？

你需要意识到一点，你在原生家庭中的归位不仅仅是你个人的事，这意味着每一位家庭成员都需要各回各位，各司其职。你的归位意味着整个原生家庭系统的重大调整，会促使每一位家庭成员再次成长，迫使他们承担自己应负的责任。因此，这不是一件容易的事，需要一段时间、一个过程才能实现。你可以一边思考一边调整，慢慢实现。记住，原生家庭是一个完整的生态系统，只要其中的一位成员做出了改变，整个生态系统都会发生改变，哪怕只发生一点点好的改变，也会给你及整个家庭带来积极的变化和良好的感受。

下一节的练习将帮助你进一步进行觉察和思考，在家庭和社会生活中更准确地找到自己的位置，实现恰当的界限分化，减少不必要的压力。

第 2 节

明晰边界，放下你生命中的"不该承受之重"

\ "学会说不！" /

上一节里，我们探讨了原生家庭中的角色错位带给我们的困扰和影响。接下来，在本节的练习里，我们将帮助大家通过进一步的觉察和思考，解决生活中与之相关的问题。

1. 明晰定位与边界，不侵犯也不过度承担

原生家庭中的定位混淆容易延伸到我们的社会生活中，导致人际关系的界限模糊。主要表现为：易被他人侵犯边界而过度承担，同时，也易用过度承担的方式侵犯别人的边界。

比如，允许朋友对自己的侵占——"我的就是你的，你的事就是我的事"——朋友借东西可以不还，借钱可以不还，找你办事理所应当，让你帮忙做复杂的工作可以不给报酬等。

又比如，在工作中，未经同事邀请而为其帮忙，替其做决定，替其干工作等；在朋友交往中，对朋友的事情过度热心，参与过多，甚至反客为主过度干涉……原本出于好心却侵犯了他人界限，引发对方不悦，影响人际关系。

这些情况都与我们在原生家庭中的过度承担有关，手伸得太长，管家人的事管成了习惯，被家人界限侵犯也成为习惯。因此，我们对人际界限不敏感，容易被他人侵犯边界，也容易侵犯别人的边界，而自己却往往全然无知，甚至以为理所当然。

那么，我们该如何调整这种模式呢？记住以下两点：

（1）明确定位

在家庭、工作及人际关系中，明确自己的角色和位置，并据此定位自己的责任和义务。遵循一个原则：不在其位，不谋其政。做好自己分内的事情，少管别人分内的事情。对于别人的过度要求学会说"不"。（如果你在"对人说不"这个事情上有困难，可以回过头去多做几遍第二阶段第八课第2节的练习。）

（2）明晰边界

你只对自己的事情有决定权，只对自己的东西有支配权，对别人的事要遵循一个原则：不求不帮。只要对方没有请求（或同意）你的帮助，就不要贸然帮助他。记住，任何未经邀请或允许的帮忙，都是对他人的界限侵犯。学会接纳别人的拒绝，允许别人说"不"。

以下练习将帮助你对定位和边界做出思考和演练：

你做过哪些费力不讨好的事？你猜，对方可能是怎么想的，为什么不领你的情？在这件事上你的位置（角色）是什么，而你原本应该在的位置（角色）又是什么？试想一下，哪些环节如果你少做一点可能效果更好？下次你打算怎么做？

例：T女士对弟弟的照顾

你做过哪些费力不讨好的事？

"给弟弟的孩子买衣服、请保姆，结果衣服弟媳瞧不上，都送人了，请的保姆，弟弟和弟媳也天天挑剔。"

你猜，对方可能是怎么想的，为什么不领你的情？

"可能人家想按自己喜欢的风格来打扮孩子，找自己看得顺眼的保姆吧，毕竟我也不知道他们到底喜欢什么样的。"

在这件事上你的位置（角色）是什么，而你原本应该在的位置（角色）又是什么？

"我就像个操心的老妈。而实际上我是姐姐，没必要管那么多。"

试想一下，哪些环节如果你少做一点可能效果更好？

"我要是不给他们买衣服，不给他们请保姆，他们也没什么好抱怨的，双方都不会不舒服。"

下次你打算怎么做？

"给他们买东西之前先问好，他们要，我再买。请保姆让他们自己挑，挑好了我再跟家政签合同。或者我就干脆不管他们，等他们需要了，来找我，我再管。"

练习

按照上述办法尝试定位自己的角色和边界：

你做过哪些费力不讨好的事？

-
-

你猜，对方可能是怎么想的，为什么不领你的情？

-
-

在这件事上你的位置（角色）是什么，而你原本应该在的位置（角色）又是什么？

-
-

试想一下，哪些环节如果你少做一点可能效果更好？

-
-

下次你打算怎么做？

-
-

察觉一下,生活中哪件(哪些)事情你在过度承担?此事原本应该由谁(或哪些人)来承担?在此事上你的位置(角色)是什么,而你原本应该在的位置(角色)又是什么?你的过度承担给自己带来了什么影响?你的过度承担给对方(应该承担责任的这个人或这些人)带来了什么影响?下次你打算怎么做?

例:T女士的职场人际困扰

生活中哪件(哪些)事情你在过度承担?

"我们团队7个人的工作,我几乎一个人就干了一半。"

此事原本应该由谁(或哪些人)来承担?

"应该由整个团队的所有成员共同分担。"

在此事上你的位置(角色)是什么,而你原本应该在的位置(角色)又是什么?

"我好像成了一个劳模员工,而我本来应该是领导,应该分配工作让大家去干。"

你的过度承担给自己带来了什么影响?

"搞得自己很累,还被别人误会,他们觉得我抢风头,压制新人成长。"

你的过度承担给对方(应该承担责任的这个人或这些人)带来了什么影响?

"让他们有机会偷懒,而且确实得到的历练少,成长得慢。"

下次你打算怎么做?

"把工作都分配下去,让团队成员各司其职,都别偷懒,好好干活。"

练习

按照上述办法尝试定位自己的角色和边界:

察觉一下,生活中哪件(哪些)事情你在过度承担?

● ......

此事原本应该由谁(或哪些人)来承担?

● ......

在此事上你的位置(角色)是什么,而你原本应该在的位置(角色)又是什么?

● ......

你的过度承担给自己带来了什么影响?

● ......

你的过度承担给对方(应该承担责任的这个人或这些人)带来了什么影响?

● ......

下次你打算怎么做?

● ......

2. 停止内疚，拒绝控制，守卫自己的边界

上一节中我们提到，原生家庭中的角色错位（孩子充当了伴侣角色或父母角色）往往导致子女过度付出，承担了本不属于自己的责任。但令人不解的是，很多时候子女明知自己被过度索取却无法拒绝，甚至自己主动去承担。这是为什么呢？原来，在这其中有一条隐形的控制线索，叫作"内疚"。父母用爱的名义绑架子女，如果子女不遵从父母的意愿，内心就会对自己产生消极的道德评价（不爱父母、不孝顺、没良心），从而陷入自我攻击的痛苦中，继而迫使自己去服从父母。这就是原生家庭中父母对孩子的心理控制逻辑（这一点我们在第二阶段第六课第3节中也曾提到过）。

在角色错位的原生家庭中，这样的表达随处可见。比如："之前都是你哥不对，你别跟他一般见识。你就看在爸爸妈妈的份上再帮他一次吧，算爸爸妈妈求你了！妈妈给你跪下了……"

"你要是心里还有我这个妈，你就马上跟她离婚！妈妈含辛茹苦把你养大，你却有了媳妇忘了娘，帮着媳妇欺负你妈……你不离婚我就走，以后我死在外边都不会让你知道！"

"你弟弟这次惹的事，你要是不管，你妈就得管，她身体又不好，回头气病了还得给你添麻烦。要不还是你帮弟弟解决了吧，爸爸知道你不容易，但爸爸也没能力管，只有靠你了……"

以上这些表达，不论看起来是强硬还是哀求，究其原因，都有着浓浓的"控制"的味道。然而我们明知对方的要求十分过分，却无法拒绝，好像一旦拒绝就会伤害对方，自己就会成为"不孝顺、不爱父母、没良心"的人，因此深陷内疚的深渊。

很多时候我们误以为，顺从父母就是爱父母的表现，实则不然。要知道，爱和控制是两回事。爱是心甘情愿地付出，并且在付出的过程中双方都有心理获益，即使你不为对方付出，也不会因此而承担内疚和痛苦。但"控制"却相反，它由一方的委曲求全，去成全另一方的一意孤行。你只能选择"服从"，不管你是否开心、是否愿意都必须这么做，如果你拒绝就会遭受"内疚"的惩罚，让自己饱受道德罪恶感的煎熬。爱带给我们的是滋养，而控制带给我们的却是压力和负担。

那么，如何才能摆脱这种隐形控制呢？答案是：放下内疚，勇于维护自己的边界。在你应该在的位置（角色）上，承担你应负的责任，用自己舒服的方式向父母表达爱。

下面的练习会帮助你实践这件事：

父母的什么行为或安排让你感觉不舒服，你却难以拒绝？

为什么你难以拒绝，你内疚的是什么？

复盘整件事情，自己的边界在哪里受到了侵犯？

告诉自己：我可以××（做些什么来守卫自己的边界），这并非××（不孝、没良心、背叛父母等引发你内疚的道德评价），我依然是个××（对自己的道德要求）的人。

我应该处于的位置（角色）是什么？

在这个位置（角色）上，我该承担哪些责任，不该承担哪些责任？

我如何用自己舒服的方式向父母表达爱？

例：F先生家的婆媳矛盾

父母的什么行为或安排让你感觉不舒服，你却难以拒绝？

"妈妈在家一副女主人姿态，刻意排挤妻子。"

为什么你难以拒绝，你内疚的是什么？

"如果让妈妈搬走她会很伤心，妈妈那么爱我，我这样实在是太不孝了。"

复盘整件事情，自己的边界在哪里受到了侵犯？

"妈妈在家庭中取代了妻子的位置，对我的婚姻确实形成了侵犯。"

告诉自己：我可以××（做些什么来守卫自己的边界），这并非××（不孝、没良心、背叛父母等引发你内疚的道德评价），我依然是个××（对自己的道德要求）的人。

"我可以请妈妈搬走，让她和我的家庭保持恰当的距离，这并非不孝，我依然是个孝顺的儿子。"

我应该处于的位置（角色）是什么？

"是我妻子的丈夫，也是妈妈的儿子。"

在这个位置（角色）上，我该承担哪些责任，不该承担哪些责任？

"我应该经营自己的亲密关系，不侵犯父母的亲密关系。不该承担爸爸的角色来为妈妈提供伴侣般的陪伴和支持，这些是爸爸的责任。"

我如何用自己舒服的方式向父母表达爱？

"我可以在家附近另租一套房子给妈妈居住，如果爸爸愿意，就把爸爸也接过来，他们两人做了半辈子夫妻还是有感情的，这样方便妈妈和爸爸一起生活，同时他们也能经常见到我……"

练习

按照上述办法尝试放下内疚、摆脱控制、守卫自己的边界

父母的什么行为或安排让你感觉不舒服，你却难以拒绝？

- _____

为什么你难以拒绝，你内疚的是什么？

- _____

复盘整件事情，自己的边界在哪里受到了侵犯？

- _____

练 习

告诉自己：我可以××（做些什么来守卫自己的边界），这并非××（不孝、没良心、背叛父母等引发你内疚的道德评价），我依然是个××（对自己的道德要求）的人

- ……………………………………………………
- ……………………………………………………

我应该处于的位置（角色）是什么？

- ……………………………………………………
- ……………………………………………………

在这个位置（角色）上，我该承担哪些责任，不该承担那些责任？

- ……………………………………………………
- ……………………………………………………

我如何用自己舒服的方式向父母表达爱？

- ……………………………………………………
- ……………………………………………………

通过以上调整，帮助自己放下生活中的不该承受之重，回归你应在的位置和角色，守卫好自己的边界，摆脱内疚和控制，实现更加轻松和舒展的人生状态。

3 阶段

心理内耗突围：
远离焦虑星球，重建身心平衡

在第三阶段的课程里，我们将通过催眠与冥想的方法，帮助大家重建内心的安宁，实现身心的平衡和情绪的稳定。我会与大家分享10个专业治疗级别的催眠冥想脚本，用于焦虑的缓解、睡眠的修复、安全感的提升、内在力量感和自信的增强，以及身心的放松与疗愈。

建议你每天至少做一次催眠或冥想，并持续28天以上，把催眠和冥想变成自己的心灵保养习惯，我敢保证，这个习惯将使你受益一生。

催眠和冥想：告别混乱，回归安宁

在前两个阶段的学习中，我们探讨了焦虑产生的深层心理根源，有针对性地实现了控制感的初步恢复；探讨了焦虑型人格的原生家庭问题模式，并实现对应的心理调整和自我成长。接下来，在本阶段的学习中，我们将通过催眠与冥想的方法，帮助大家重建内心的安宁，实现身心的平衡和情绪的稳定。

💛 关于催眠

催眠是一项古老而又充满灵气的心理疗愈技术。在古代就有很多关于催眠的记载，但由于科学知识欠缺，人们只能借助自身和自然的力量来治疗某些疾病，于是僧侣或巫师等利用念咒、祈福、神秘仪式等方法行医治病，这是催眠治疗技术的最初起源，也是催眠的神学时代。

18世纪以后，催眠作为一项心理治疗技术开始逐渐被世人关注。1846年苏格兰著名外科医生詹姆斯·布雷德（James Braid）开始用催眠来麻醉、镇痛。1895年，精神分析学鼻祖弗洛伊德出版了代表作《癔症研究》，其中详细记载了用催眠术治疗精神疾病的过程。近代以来，以美国耶鲁大学医学博士布莱恩·魏斯（Brian L.Weiss）的《前世今生》等四册书为代表催眠治疗类著作，详细记载了大量案例，经由催眠治疗帮助患者恢复了身心健康。

其实，催眠在我们的社会生活中有着非常广泛的用途。比如：

心理治疗：各种压力、焦虑、失眠、烦躁、抑郁、人际关系困扰等的治疗；

促进疾病康复：帮助激活人体自身的免疫力，促进各类疾病更好康复；

潜能开发：增强记忆力和专注力，提升工作效率，增强自信和个人魅力，提升创造力与获得灵感，情绪和压力管理，体重管理，消除不良习惯等；

其他用途：刑事侦查（回忆案发现场），医疗（提升免疫力、促进疾病康复），教育（提升学习效率、优化教养方式），商业（催眠式销售）。

什么是催眠？催眠是一种深度放松和高度专注的状态，它介于睡眠与清醒之间。在催眠状态下，个体的受暗示性提高，可更有效地吸取对自己有意义的暗示，而这些暗示所产生的效应可延续到醒来后的生活当中。

催眠治疗的原理又是什么呢？简言之就是，在催眠状态下，被催眠者与潜意识得以实现沟通和联结，缓解潜意识里的紧张和焦虑，帮助身心都得到放松与舒展，达到身心修复的心理疗愈效果。用科学解释就是，进入催眠状态后，被催眠者在生理功能和心理感受上会发生积极的变化，脑内乙酰胆碱（分泌越多活动越浅缓）、多巴胺（分泌越多越振奋）、疲劳素等分泌改变，影响交感、副交感神经的平衡，从而加强人身体器官的功能；同时，被催眠者对催眠暗示接受度提高，因而可达成改善情绪，调节压力，增强记忆，开发自身潜能，帮助身心和谐发展，帮助心身疾病痊愈的效果。

💗 关于冥想

冥想与催眠类似，都是介于睡眠与清醒之间的深度放松和高度专注的状态。不同之处在于，催眠往往经由催眠暗示语产生效果，而冥想则是我们跟随自己的潜意识来完成的身心疗愈。通过自我放松和静默冥想，来实现与潜意识的沟通，进而辅助达成身心的平和与统一。

💗 催眠和冥想对于焦虑缓解的意义

我们都知道，焦虑和放松是一组相互拮抗的状态，一个人没有办法既焦虑又放松。所以当你放松了，你就可以不用焦虑了。催眠和冥想都是特别好的放松方式。在催眠和冥想状态下，我们会跟循自己内心的引领，让身心都沉静下来，进入潜意识所建构的催眠和冥想场景，就像亲身走入美丽而神秘的梦境深处。在这里，远离现实的尘嚣，沉浸于另一番美好，体会草长莺飞的繁盛，万物自由的喜悦，以及自己内心重归自然的宁静与舒缓。让心灵得到滋养，潜意识的紧张得以调和，生命的能量得以修复。在每一次催眠和冥想之后深深放松，潜意识的能量都会得到平复。我们的内心会像饱含甘露的花朵，呈现出绚丽的色彩和旺盛的生命力。只要你跟随引导，让自己的思想专注于催眠和冥想的情境之内，你的整个身心就会跟随引导而得到放松。

因此，如果你每天做半个小时的催眠，你就可以有半个小时不用焦虑。如果你做两个小时的催眠，你就有两个小时不用焦虑。那么，在这些不用焦虑的时间里，你的整个身体机能，你的内脏系统，你的内分泌系统，都可以得到休息和自我康复。同样地，当身体放松了以后，也会帮助我们的心灵得到放松，我们原本的焦虑状态就能得到缓解，身心平衡就能得以修复。

❤ 催眠和冥想的注意事项及练习方法

1）哪些人不适合练习催眠和冥想？

（1）精神分裂症患者，或有精神分裂症家族遗传史者。

（2）理解与言语表达能力有障碍者。

（3）脑部受到严重创伤、损坏者。

（4）对催眠和冥想秉持不信任态度或有偏见者。

2）哪些场景不适合进行催眠和冥想？

（1）驾驶车辆时：心绪的放松会导致驾驶者注意力涣散，影响驾驶安全。

（2）工作时：注意力往往处于高度集中的状态，催眠和冥想难以发挥效果。

（3）吵闹或不安全的环境：会让人难以放松，影响催眠和冥想的体验。

3）本书内的催眠和冥想脚本如何使用？

以下10个催眠和冥想脚本，可以帮助你放下内心的烦恼，疏解身体的紧张，给你一片宁静的空间，让心灵得以舒展，身心得以在平静中自我疗愈。

催眠和冥想对于引导者的声音特质要求很高。只有声音舒适，才能让你感觉到安全和放松。所以，最好的方式是用自己的声音做引导，熟悉的音质不会引起你心理上的排异。你可以自己轻声读出来，配以轻柔的背景音乐，录下来，在需要的时候放给自己听。当然了，也可以请一位你非常信任的同伴帮忙（他的声音需要是你所喜欢的），在耳边读给你听。读的时候不要着急，语气和节奏应轻柔而舒缓，让你有足够的时间对指示做出反应。

要抱着正面、乐观、积极的心态，不用担心、害怕，或者猜疑。这些催眠和冥想引导语都是安全的、愉悦的、健康的，你可以尽情享受身心的放松与疗愈。

开始之前，找一个安静且不受打扰的时段，在你舒服的床上躺下来，或者靠在柔软的沙发上，脱掉鞋子或者松开鞋带，解开紧身衣物，摘下束缚你的项链、发卡、手表、眼镜等物品，让自己完全放松。确保周遭的光线和声音是让你舒服的，背景音乐的声音不要太大。还有，一定记得关闭手机铃声，把你的注意力完完全全集中在引导者的声音上，让脑海中所有的画面、感觉、声音和想法全都自由流动，让自己沉浸在美妙的冥想画面中，仿佛身临其境一般，无论那些想象是否符合实际，你感觉舒适就可以了。

鉴于每个人的催眠敏感度不同，有的人可以感受到丰富的画面，而有的人却无法做到。建议你抱着轻松随意的心情练习，不必强求。如果你无法想象出那些美丽的画面，不用担心，尽可能感受放松和内心的平静，当催眠和冥想结束时，你仍可以得到疗愈，感受到身心愉悦和舒适。

绝大多数人会在催眠或冥想的过程中获得轻松愉悦的疗愈体验。但是万一你感受到与引导语所描述的情境不相符（或相反）的情绪，比如伤心或紧张，也许你该向心理咨询师或心理科医生寻求帮助，以解决更深层次的问题。

随着练习的增加，你对催眠的敏感度也会随之提高，你在催眠和冥想状态下感受到的细节会更加生动和丰富，将带给你更加美好的体验，与之一致，身心疗愈的效果也会不断得到提升。

4）哪些情况可能会影响催眠和冥想效果？

（1）重度焦虑

当焦虑情绪过于严重时，我们会进入一种坐立不安的焦躁状态，即使最轻柔的音乐听起来也会觉得刺耳，同样，催眠和冥想引导也会让你觉得烦躁。这个时候，催眠和冥想已经难以让你放松下来，建议你寻求专业心理咨询师的帮助，或者重新从本书的第一个阶段开始学习和自我梳理，以帮助自己缓解内心的焦虑，之后再配合催眠和冥想进行进一步的自我调节。

（2）配合意愿过强

有时候，过强的配合意愿也会导致你紧张。如果强迫自己去跟随每一句引领，不允许自己走神，要求自己每一句都认认真真地听，那样的话，你不但无法放松，反而会更加紧绷。不要去要求自己放松，而要去允许自己放松。用顺其自然的状态，跟随身体和内心的感受，不必刻意和强求，如此才能得到舒适的疗愈体验。

好了，以上就是我们在催眠之前需要了解的内容。接下来，让我们一起进入美妙的催眠冥想世界。后续的10个专业治疗级别的催眠冥想脚本，将帮助你实现焦虑的缓解、睡眠的修复、安全感的提升、内在力量感和自信的增强，以及身心的放松与疗愈，你可以根据自己的实际需要和喜好进行选择和自由搭配。

建议你在接下来的每一天，都坚持完成一次催眠或冥想的练习，如此持续28天以上，把自我催眠和冥想变成一个你的心灵保养习惯。

身心放松冥想：

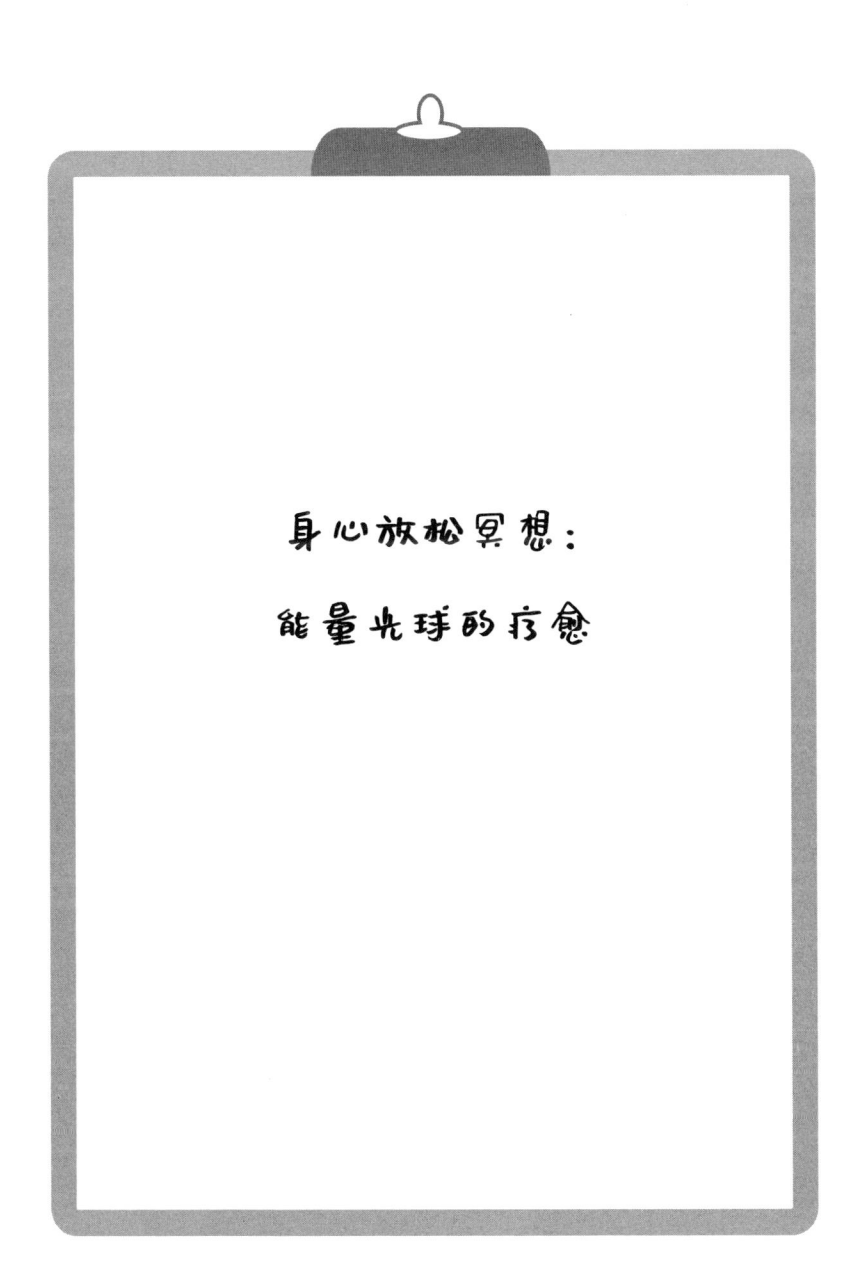

能量光球的疗愈

均匀地呼吸和身体的放松是实现焦虑缓解的第一步。

很多时候，我们的身体由于承受过多压力而全身肌肉紧张，连睡觉的时候都牙关紧咬，呼吸不畅，因此，入睡和深睡变得十分困难。焦虑和放松是一组相互拮抗的状态，一个人没有办法既焦虑又放松。所以，当你放松时，你就可以不用焦虑和紧张了。

呼吸调节和身体放松的冥想可以帮助我们放松全身的肌肉，清空头脑的杂念，将注意力从外界的烦恼中抽离出来，指向自己的内心。让躯体的感觉带领头脑，让意识回归身体，实现身体和心灵的和谐统一。

> 建议练习方式：静心冥想（坐姿、卧姿皆可）
>
> 建议练习场景：安静的清晨、午后或睡前
>
> 建议冥想时长：15～20分钟/次
>
> 功效：平复思绪、缓解焦虑和压力、帮助身体内分泌系统保持平衡、舒缓助眠

请你用舒服的姿势坐下来或者躺下来，把你的注意力集中于自己的内在。去感受房间中温暖的光线，你轻柔的呼吸声，还有此刻，你身体放松的姿态，一切的一切都让你感觉到放松和舒服。

请你想象你全身的肌肉开始放松。现在深呼吸……然后吐气……再深呼吸一次……再吐气……

从现在开始,每一次的吸气,请你想象,你吸入的都是最滋养的、纯净的氧气。每一次的呼气,都帮你把身体里的浑浊和毒素排出体外。就在这一呼一吸之间,你全身的肌肉都放松了。每一次呼吸都让你更舒服、更放松……

去想象你的面前出现一个美丽的光球,它的样子正是你所喜欢的,充满了疗愈的能量。等一下,光球会引导着你,深深放松和疗愈你的身体。

光球悬浮着,慢慢来到你的头顶,去感觉来自光球的能量疗愈,你的头顶感觉到能量和养分的注入,那样滋养、那样放松,非常非常舒服。

光球缓慢下移动,来到你的面部,你的脖子和肩膀。你脸上的肌肉,脖子和肩膀的肌肉,都在深深放松了,非常舒服,非常轻松,去感受此刻,你内心的平静与安宁……光球缓缓飘到你的胸前,你的手臂和双手……你的胸部、腹部、腰部及背部的肌肉都在放松了……非常舒服……非常轻松……感觉自己深沉而平稳地呼吸,来自光球的能量和养分,不断滋养和疗愈着你……

光球缓缓下移……来到你的大腿、膝盖、小腿,以及你的双脚,你完完全全地放松了……每一块肌肉、每一根纤维、每一个细胞……都在全然放松……非常舒服，非常轻松……你开始进入更深、更放松的冥想状态之中，让这种放松的感觉来到你身体的每一个部分……完全放松了……

非常舒服，非常放松……让你身体放松的感觉引领你的内心，这一刻，你就和自己在一起……完完全全放松了……

去感受这种放松，去感受这一刻，你就和自己在一起，去感受你内心的平静和淡淡的喜悦……那样放松，那样舒展，彻底放松了……

给自己足够的时间去享受此刻的平静与安宁，直到你感觉得到了足够的滋养，你就可以慢慢地睁开眼睛，慢慢清醒过来。或者，直接进入更加舒适与安宁的睡眠状态之中。

睡眠修复催眠：

满船清梦压星河

你体验过漂浮在星河里的放松吗？本次催眠疗愈，我将带你探索潜意识深处的星河秘境，帮助你放松身心、舒缓压力、修复睡眠。

建议练习方式：自我催眠（你可以自己轻声读出来，配以轻柔的背景音乐，录下来，回放给自己听。也可以请一位你非常信任的同伴帮忙，他的声音需要是你喜欢的，请他在耳边轻柔缓慢地读给你听。）

建议练习场景：睡前

建议催眠引导时长：约20～30分钟/次（你可能在引导还未结束时就睡着了，这种情况很正常。记得设置自动关闭催眠录音，或者请你的"催眠师"在你睡着后停止引导即可。）

功效：摆脱现实困扰、隔离伤害、舒缓焦虑和压力、改善情绪、愉悦身心、睡前助眠、改善睡眠质量

请你在一个安静舒适的环境下，躺下或坐下都可以。让自己全然放松。等一下，我要请你发挥最丰富的想象力，在你的脑海中想象这样一幅美丽的画面：那是一片平静的水域，非常宽阔。水面清澈透明，没有一丝波澜，像一面巨大的镜子，倒映出夜晚的天空和漫天的星辰，你几乎分不出哪里是

天，那里是水。有一艘美丽的小船，安安静静地漂浮在水面上，远远看过去，像是悬浮在半空中的一片美丽的树叶，周围有丝丝缕缕的雾气缓缓弥漫开来，你好像在梦境中一样，身临其境地看着这美丽的画面。

你发现你身上的肌肉慢慢放松了……脸上的肌肉也放松了……你的手臂、双手、每一个手指都放松了……你的双腿、双脚和每一个脚趾都放松了……你的整个身体都在慢慢放松……非常舒服……你想要轻轻闭上眼睛，进入更舒服、更平静、更放松的催眠状态之中。

等一下，我会从1数到5，当我数到5的时候，你就会身临其境地进入这个美丽的画面当中，进入更深、更放松的催眠状态。去感受这一切，你是安全的，我就在这轻轻保护着你。

1……你已经深深放松了……去感受水面的平静，就像此刻你内心的安宁……非常非常舒服……

2……那艘美丽的小船，轻轻漂浮在水面上，画面看起来非常宁静和舒适……水面映出星空，小船像一片美丽的树叶，漂浮在茫茫的星河里……非常舒服……不知什么时候，你已经来到了这艘美丽的小船上，在水面安静漂浮着，你是安全的，我就在这轻轻保护着你。

3……越漂你就越轻松……越漂你就越放松……

4……每一块肌肉、每一寸皮肤、每一个细胞……都深深放松了……

5……现在，你已经进入了深深的催眠状态之中，那样舒适、平静和放松。

一阵微风吹来，小船随着水波轻轻荡漾，那样轻柔、那样舒适，你躺在小船上，漫天的星辰倒映在你的眼睛里，你觉得自己似乎也是一颗星星，那样安宁和自由，无拘无束。一切都是你所喜欢的样子。去感受这一刻，你内心的平静和前所未有的安宁。此刻，你就和自己在一起。像一颗星星，自由自在地漂浮在茫茫的宇宙里，散发出属于你自己的光芒。那样明亮，那样美丽。

去感受这一切，感受此刻的放松，还有你内心的平静和淡淡的喜悦。

完完全全放松了……非常非常舒服……你就要睡着了……非常非常舒服……记住这一刻，记住这种感觉……

从现在开始，每当你在床上躺下来，准备睡觉的时候，你就会想起这种舒服的感觉，你会美美地睡上一觉，让身体得到充分的休息。当你醒来的时候，你会头脑清醒，心情愉悦，浑身充满了活力。

带着这种轻松舒服的感觉美美地睡上一觉吧……当你醒来的时候，你就会觉得头脑清醒，心情愉悦，浑身充满了活力。

放松减压催眠：
短时高效大脑放松

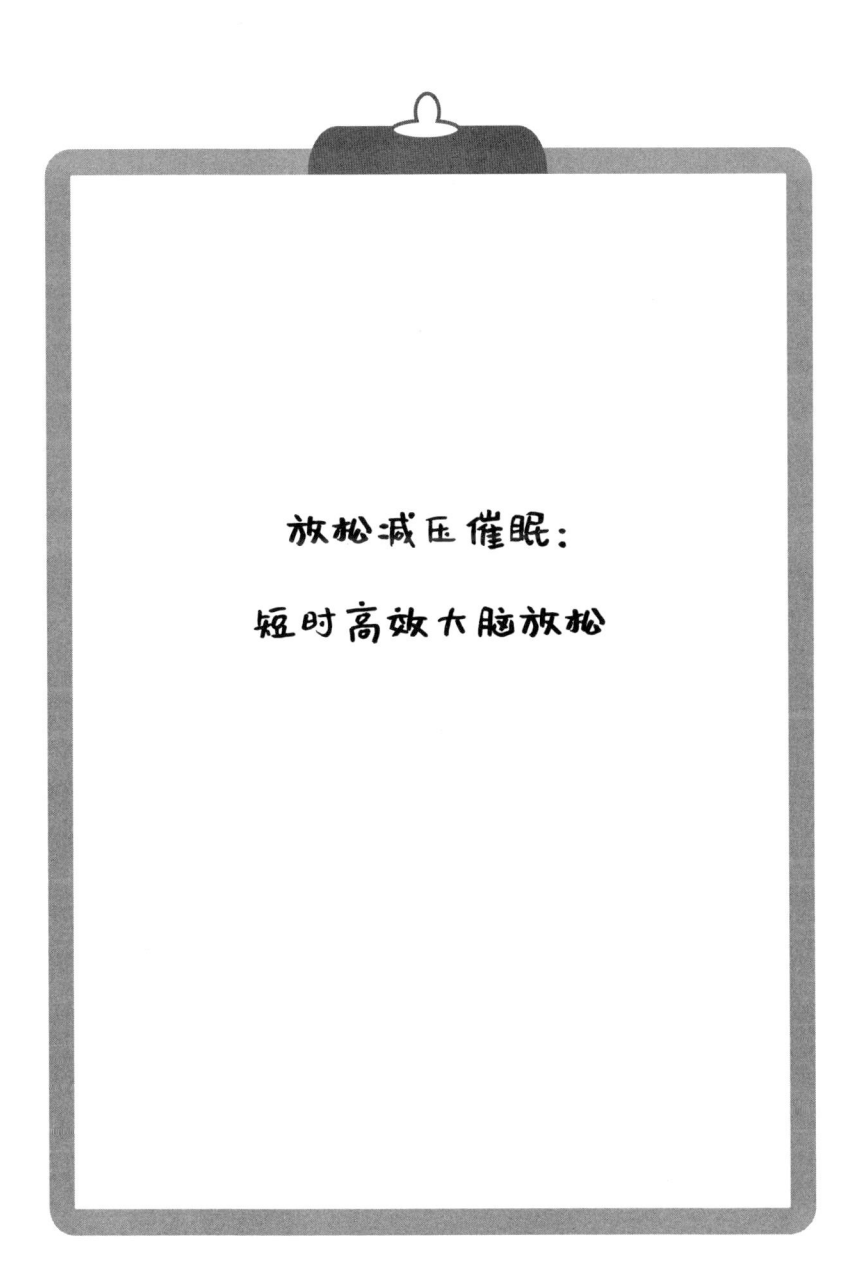

如果你只有 10 分钟，如何让疲惫不堪的大脑快速放松下来？本次催眠疗愈，我们可以用 10 分钟的时间，帮助你深度放松身心，缓解压力，快速恢复大脑活力。

建议练习方式：自我催眠（你可以自己轻声读出来，配以轻柔的背景音乐，录下来，回放给自己听。也可以请一位你非常信任的同伴帮忙，他的声音需要是你喜欢的，请他在耳边轻柔缓慢地读给你听。）

建议练习场景：午休或工作间隙，当感觉大脑疲惫需要放松时

建议催眠引导时长：约 10 分钟／次

功效：让大脑得到深度放松与休息，舒缓压力，改善情绪，愉悦身心

请你在一个安静舒适的环境下，躺下或坐下都可以，轻轻闭上眼睛。让自己全然放松。

去调整你的呼吸，让自己的呼吸深长而均匀。

发挥你最丰富的想象力，去想象一束特别美丽的光，光的颜色正是你所喜欢的，它就像一道彩虹，从天空当中那样自然地洒落下来。你轻轻走过去，沐浴在这一束美丽的光线当中。

你知道这不是一束普通的光线，它充满了疗愈的力量，当你走近它，会感觉到整个人非常放松，非常舒服。体内所有的不安和疲惫，都被这束疗愈的光线所净化。与此同时，它还能够让你看穿你的身体，就好像是一个身体扫描仪一样，让你体内的每一个器官、每一根经络、每一根血管、每一个细胞都清晰呈现在你的眼前。你是安全的，我就在这轻轻保护着你。

把注意力放在你的头部，疗愈光线会停留在你的大脑区域，滋养和疗愈你的大脑。透过光线的扫描，你的大脑呈现出清晰的透视图，它正在精力饱满地工作着。你可以看见，你刚刚工作所带来的神经兴奋，正集中在某一处大脑区域，大量的神经细胞聚集在这里保持着持续兴奋的状态。当你看到这个区域时，请你在心底告诉它："刚才的工作已经结束，现在我们可以休息了，我们可以全然放松下来，享受此刻的轻松和疗愈。"让这束神奇的疗愈之光，深深滋养这个区域，带来丰富的营养和放松的感觉。

在这束疗愈光线的滋养下，你大脑的所有神经细胞，进入了旺盛的自我修复和新生的状态，在疗愈光线的照耀下，它们在获取神经生长所需要的养料，不断合成优质的神经元细胞。每一个神经元都在不断自我修复和再生，生长出优质的神经突触，修复、优化和重建你的整个神经网络，让它变得更加健康和强大，让你的反应更加灵敏和迅速，注意力更加集中，记忆力重新回到最优秀的状态。你可以轻松地记忆任何你需要的信息，去感受这种快乐的、自由的、强大的、恍若新生的感觉。你的大脑进入了一种宛若新生的轻松舒适的状态，前所未有地强大、灵敏。你的思维更加敏捷，反应速度更加迅速，记忆力非凡。

去感受这份宁静和放松，去感受你内心的平静和淡淡的喜悦。

等一下，我会从 5 数到 1，当我数到 1 的时候，你就会带着轻松愉悦的心情从催眠状态中清醒过来。醒来以后，你会觉得头脑清醒，心情愉悦，浑身充满了活力。

5……开始慢慢、慢慢清醒过来……

4……下一次的催眠，你会进入更深、更放松的催眠状态，将会感受到更多、更丰富的细节……

3……慢慢地，你将要清醒过来了……

2……尝试唤醒你的身体，试着轻轻活动一下你的双手和双脚……

1……带着轻松愉悦的心情，完完全全清醒过来，醒来以后你会觉得头脑清醒，心情愉悦，浑身充满了活力。

放松减压催眠：

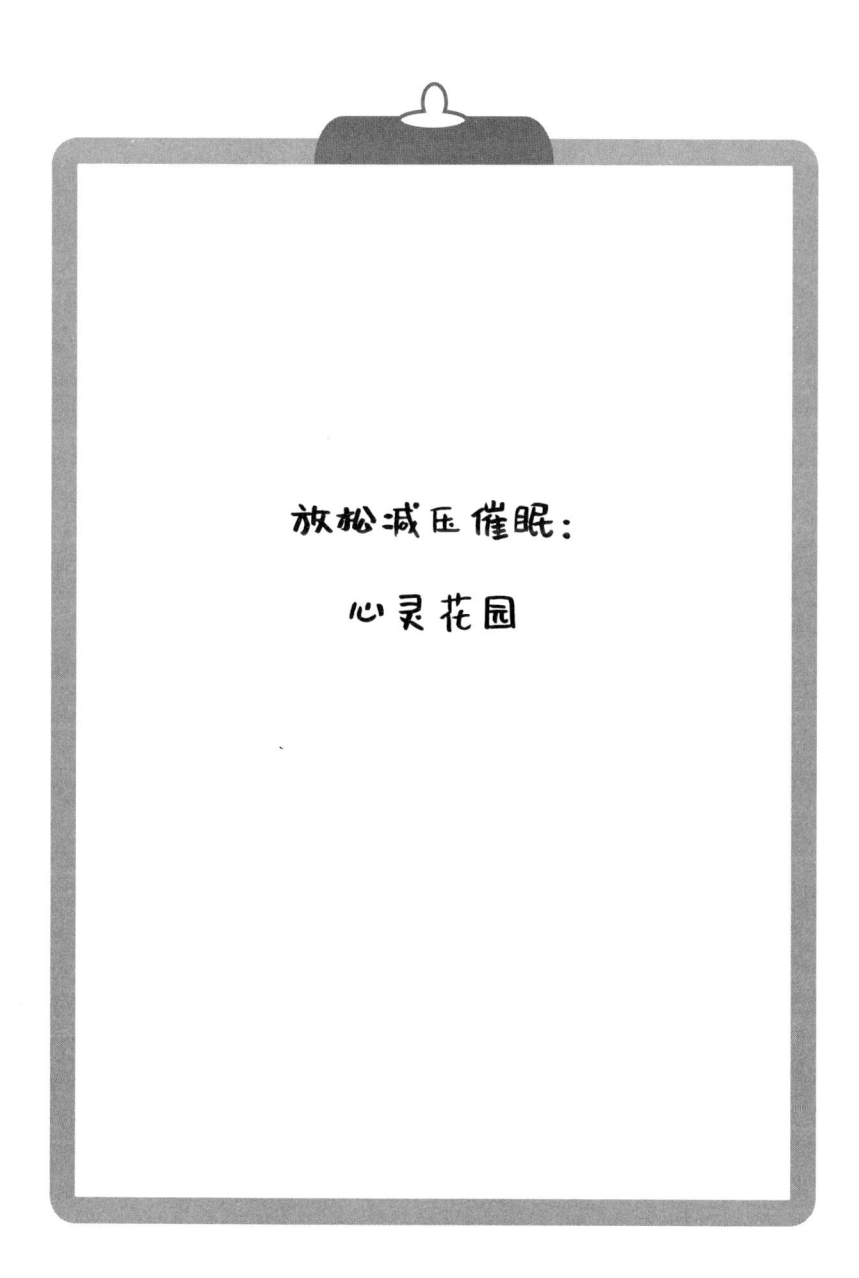

心灵花园

你到过自己内心深处的心灵花园吗？本次的催眠疗愈，我会带你来到潜意识深处的心灵花园，帮助你放松身心，缓解压力。

> 建议练习方式：自我催眠（你可以自己轻声读出来，配以轻柔的背景音乐，录下来，回放给自己听。也可以请一位你非常信任的同伴帮忙，他的声音需要是你喜欢的，请他在耳边轻柔缓慢地读给你听。）
>
> 建议练习场景：午休、任何你需要静心的时候
>
> 建议催眠引导时长：15～30分钟／次
>
> 功效：舒缓压力、平复情绪、愉悦身心

请你在一个安静舒适的环境下，躺下或坐下都可以，轻轻闭上眼睛。让自己完完全全放松，等一下，我要请你发挥最丰富的想象力，在你的脑海中想象这样一幅美丽的画面：那是一片桃花盛开的山谷，漫山遍野都是粉红色的桃花。每当微风吹过，树上的花瓣就纷纷扬扬地飘落下来，像是美丽的雪花翻飞在天地间，无边无际……当你看见它们时，你整个人都完完全全放松了……好像在梦中一样，你身临其境地看着这美丽的画面。

等一下，我会从1数到5，当我数到5的时候，你就会身

临其境地进入这个画面当中，进入更深、更放松的催眠状态。去感受这一切，你是安全的，我就在这轻轻保护着你。

1……深深放松了……非常舒服。

2……在这片宁静的开满桃花的山谷，你光着脚轻轻向前走过去。清晨的阳光柔和而温暖，你的脚下踩着松软的泥土、柔软的花瓣，那样放松，那样舒服。桃花甜美的香气若有若无地飘过来，你听见鸟儿在林间愉快地歌唱，一切的一切都是你所喜欢的……去感受这一刻……非常放松……

3……4……去感受这一刻，你内心的平静和淡淡的喜悦……每一块肌肉、每一寸皮肤、每一个细胞……都在深深放松了……

5……现在，你已经进入了深深的催眠状态之中，那样舒适、平静和放松。

你逐渐意识到，原来，这一片美丽的桃花山谷，就是你内心深处的心灵花园。它只属于你一个人，在这里，你是那样安全，可以得到整个身心的放松和疗愈。你在花园中轻轻漫步着，清晨阳光笼罩着微微的雾气，一切都美得好像童话中的世界。你伸出手，接住一朵轻轻落下的桃花，让它落在你的掌心里，清凉而柔软。你仔细看着它，发现这朵花似乎有些特别，它的花瓣是爱心的形状。原来，这不是一朵普通的桃花，而生长在你内心深处的心灵之花。此刻它落在你的掌心里，好像水晶一般晶莹剔透，让你感到愉悦而放松。

你在铺满花瓣的草地上放松地躺下来，沐浴在清晨温暖的阳光下，一切都是你所喜欢的样子。尽情感受此刻的自由与放松，外界的纷纷扰扰都与你无关，此刻，你就和自己在一起，在你的心灵花园里，得到深深的放松和滋养。

我会给你15秒的时间去感受这份宁静和放松，去感受你内心的平静和淡淡的喜悦。

等一下，我会从5数到1，当我数到1的时候，你就会带着轻松愉悦的心情从催眠状态中清醒过来。醒来以后，你会觉得头脑清醒，心情愉悦，浑身充满了活力。

5……开始慢慢、慢慢清醒过来……

4……下一次的催眠，你会进入更深、更放松的催眠状态，将会感受到更多、更丰富的细节……

3……慢慢地，你将要清醒过来了……

2……尝试唤醒你的身体，试着轻轻活动一下你的双手和双脚……

1……带着轻松愉悦的心情，完完全全清醒过来，醒来以后你会觉得头脑清醒，心情愉悦，浑身充满了活力。

安全感修复催眠：
与内在小孩和解

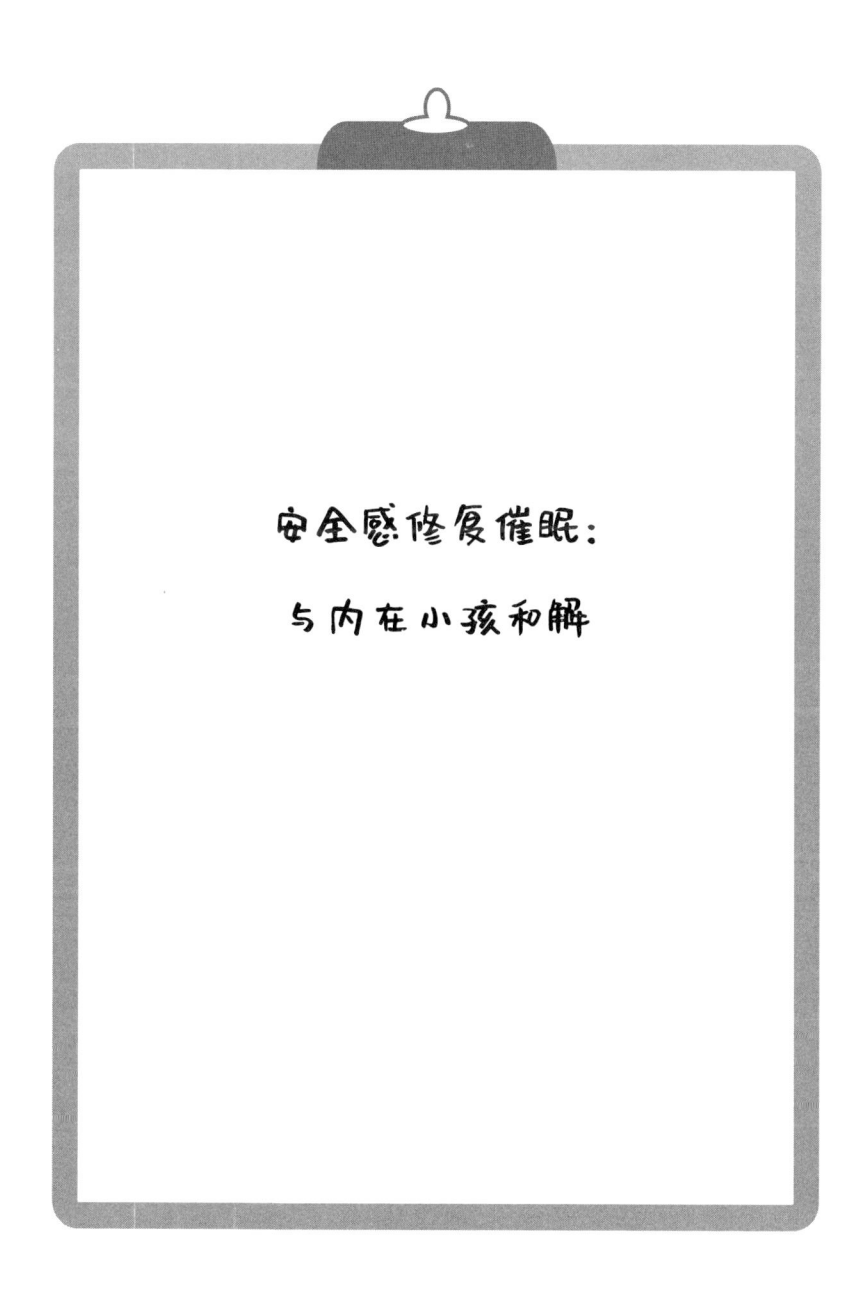

你见过自己内心深处的内在小孩吗？你知道，它一直渴望与你和解，被你接纳和被爱吗？今天的催眠疗愈，我会引导你探索潜意识深处的内在小孩，帮助你与自己和解，学会接纳和关爱自己。

建议练习方式：自我催眠（你可以自己轻声读出来，配以轻柔的背景音乐，录下来，回放给自己听。也可以请一位你非常信任的同伴帮忙，他的声音需要是你喜欢的，请他在耳边轻柔缓慢地读给你听。）

建议练习场景：你需要倾吐负面情绪、需要情感支持的时候

建议催眠引导时长：20～30分钟／次

功效：疏解压力、平复情绪、修复安全感、提升内在力量感

让自己完完全全放松，用最舒服的方式去呼吸……去想象每一次的吸气，你吸入的都是最纯净、最滋养的氧气。而每一次的呼气，都帮助你把身体里的毒素排出体外。在这一呼一吸之间，你整个人都放松了。非常舒服，非常放松……去感觉此刻的舒适和宁静。等一下，我要请你发挥你最丰富的想象力。

去想象，你正漫步在一个美丽的心灵花园里。这是一座独特的花园，它坐落于你内心最温暖、安全的角落，只属于你一个人，在这里，你是那样安全，不被打扰，可以得到整个身心的放松。你在花园中轻轻漫步，花大片地开放着，微风迎面吹来，一切都是你喜欢的样子。

你抬眼望去，发现离你不远的地方，有一个特别可爱的小孩，他的样子和小时候的你一模一样。原来，他就是你心灵深处的内在小孩。你走到他的面前，发现他天真的眼睛里有闪闪泪光，让你非常心疼。

你蹲下来，试图安慰他。他的眼泪落在你的手心里。他向你诉说着，从小到大他的委屈和不易，他的艰辛和努力，他曾被误解、被辜负、被忽略的孤独……你要努力去体会他的感受，用你的方式去安慰他、开解他，给他温暖和保护。去告诉他，在未来你会努力照顾好他、保护好他，不会再对他苛责，不再让他孤独和受伤。

小孩安静地听着你的话，他眼中的忧伤渐渐褪去，眼神又恢复了天真和明亮，笑容也出现在他的脸上。你的心也渐渐放松下来，整个人变得平静和安宁，内心充满了温暖和力量。

你张开双臂，把小孩紧紧拥在怀里。小孩的身体越发轻盈和柔软，渐渐变成一束美丽的星光，最终融入你的心脏。让这种温暖的、幸福的感觉，在你的心底深深地流淌，久久萦绕在你的心间。记住这个美丽的内在小孩,从现在开始,你会更加宽容自己,照顾和保护自己,履行你对内在小孩的诺言。

去感受这份宁静和放松,去感受你内心的平静和淡淡的喜悦。

等一下,我会从5数到1,当我数到1的时候,你就会带着轻松愉悦的心情从催眠状态中清醒过来。醒来以后,你会觉得头脑清醒,心情愉悦,浑身充满了活力。

5……开始慢慢、慢慢清醒过来……

4……下一次的催眠,你会进入更深、更放松的催眠状态,将会感受到更多、更丰富的细节……

3……慢慢地,你将要清醒过来了……

2……尝试唤醒你的身体,试着轻轻活动一下你的双手和双脚……

1……带着轻松愉悦的心情,完完全全清醒过来,醒来以后你会觉得头脑清醒,心情愉悦,浑身充满了活力。

安全感修复催眠：
守护天使

你见过自己内心的守护天使吗？你知道，它一直在潜意识深处守护着你吗？本次的催眠疗愈，我会引导你探索潜意识深处的守护天使，舒缓压力，释放负面情绪。

建议练习方式：自我催眠（你可以自己轻声读出来，配以轻柔的背景音乐，录下来，回放给自己听。也可以请一位你非常信任的同伴帮忙，他的声音需要是你喜欢的，请他在耳边轻柔缓慢地读给你听。）

建议练习场景：你需要倾吐负面情绪、需要情感支持的时候

建议催眠引导时长：20～30分钟／次

功效：疏解压力、平复情绪、修复安全感、提升内在力量感

让自己完完全全地放松，用最舒服的方式去呼吸……去想象每一次的吸气，你吸入的都是最纯净、最滋养的氧气。而每一次的呼气，都帮助你把身体里的毒素排出体外。在这一呼一吸之间，你整个人都放松了。非常舒服，非常放松……去感觉此刻的舒适和宁静。等一下，我要请你发挥你最丰富的想象力。

去想象，你正漫步在一个美丽的心灵花园里。这是一座

独特的花园，它坐落于你内心最温暖、安全的角落，只属于你一个人，在这里，你是那样安全，不被打扰，可以得到整个身心的放松和疗愈。你在花园中轻轻漫步，花朵大片地开放着，一切都是你喜欢的样子。

你抬眼望去，发现离你不远的地方，有一个长着翅膀的精灵，他的样子正是你所喜欢的。原来，他就是你内心的守护天使。他走到你面前，眼神天真清澈，好像融化了一抹天空的蔚蓝在里面。

守护天使伸出手，轻轻抚摸你的脸颊。他的眼睛可以看穿你所有的心事。你专注地看着他，在内心向他默默倾诉。这些年来，生活的不易，你的努力和艰辛，所有你曾被误解、被辜负、被忽略的委屈……在你的内心向他倾诉，把这些全都告诉他。

天使安静地听着，他的眼神那样纯净，有着神奇的力量，能够安抚你的情绪，化解你的忧伤。当你倾诉完时，你心里那种沉重的感觉消失了，渐渐放松下来，整颗心都变得安定和平静。

天使对你微笑，再次伸手抚摸着你的脸颊。你看着他的笑容，感觉到温暖和幸福。请你再一次向他倾诉，这些年来，你遇到的温暖的人和事，那些带给你希望和勇气的力量。你所拥有的幸福，你取得的成就，你的快乐和满足……把这些温暖和幸福的时刻，全都与他分享。

天使张开翅膀，把你紧紧拥在怀里。你感觉到，天使的身体越发轻盈和柔软，渐渐变成一道美丽的光线，最终融入你的心脏。让这种温暖的、幸福的感觉，在你的心底深深地流淌，久久萦绕在你的心间。请你记住这个美丽的守护天使，以后当你需要的时候，就可以随时在你的内心找到他，再一次感受到这种幸福与疗愈。

去感受这份宁静和放松，去感受你内心的平静和淡淡的喜悦。

等一下，我会从5数到1，当我数到1的时候，你就会带着轻松愉悦的心情从催眠状态中清醒过来。醒来以后，你会觉得头脑清醒，心情愉悦，浑身充满了活力。

5……开始慢慢、慢慢清醒过来……

4……下一次的催眠，你会进入更深、更放松的催眠状态，将会感受到更多、更丰富的细节……

3……慢慢地，你将要清醒过来了……

2……尝试唤醒你的身体，试着轻轻活动一下你的双手和双脚……

1……带着轻松愉悦的心情，完完全全清醒过来，醒来以后你会觉得头脑清醒，心情愉悦，浑身充满了活力。

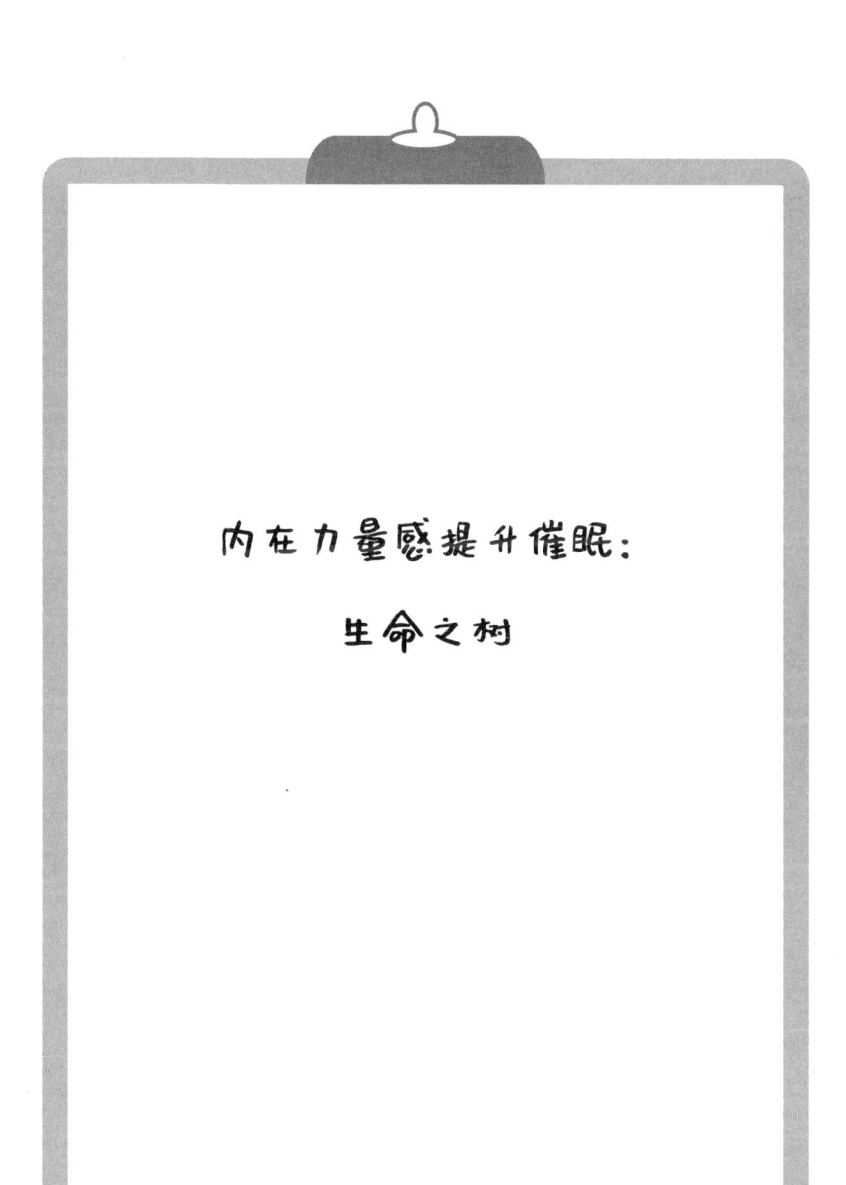

内在力量感提升催眠：生命之树

你是否经常在生活中感觉到迷茫和无助？本次催眠疗愈会帮助你放松身心，缓解压力，提升内心的力量感。

建议练习方式：自我催眠（你可以自己轻声读出来，配以轻柔的背景音乐，录下来，回放给自己听。也可以请一位你非常信任的同伴帮忙，他的声音需要是你喜欢的，请他在耳边轻柔缓慢地读给你听。）

建议练习场景：午休或工作间隙，当感觉大脑疲惫需要放松时

建议催眠引导时长：15～20分钟/次

功效：舒缓压力、改善情绪、愉悦身心，提升内在力量感

等一下我要请你发挥最丰富的想象力，在你的脑中想象这样一幅画面。那是一片特别美丽的森林，树木生长得茂密而繁盛，郁郁葱葱。清晨的阳光透过枝叶的缝隙倾洒下来，在地上投下斑驳的金色的光影，伴随着清晨的雾气，带给你一种朦胧而愉悦的感觉。你就在这片美丽的森林中漫步，你是安全的，我就在这轻轻保护着你。你看见野花就在你身边不远的地方自由地绽放，鸟儿拍打着翅膀在林间快乐地穿来穿去。当你看到它们时，你整个人都在放松了。去感觉此刻你内心的平静和淡淡的喜悦，你就和自己在一起。你慢慢向前走着，来到了美丽的山崖上。金色的阳光照耀着崖顶的岩石和茂密的树木，微风吹来，翻起层层波浪。你看着这些树木，它们在天地间自由、坚韧、蓬勃地生长，你的心中充满了向往和渴望。

此刻，发挥你最丰富的想象力，去感受自己和它们一样，成为一棵旺盛生长的树木。脚踩着坚实的大地，根须扎向土壤深处，从大地母亲的怀抱中汲取养分和智慧。沐浴着自然界的阳光雨露，与日月星辰为伴，每日努力精进，奋力向上生长，把枝叶散向四方。在风雨中，为娇嫩的花草、为弱小的动物，撑起一方避风的港湾，像一把温柔的大伞，守护四方的生灵。去体会这些感觉，感受来自你生命深处的力量感和安全感。你知道，这棵大树就是你内心深处的精神力量，它是那样的坚韧、强大、充满了旺盛的生命力和爱的力量。它就是你内心真实的样子。去感受这一切，感受此刻你内心的平静和淡淡的喜悦。

记住这棵美丽的大树，以后每次当你需要力量、滋养和支持的时候，你就想想这棵大树，想起自己内心真实的样子，这样你就会充满力量和勇气，再一次恢复到自己的最佳状态。

去感受这份宁静和放松，去感受你内心的平静和淡淡的喜悦。

等一下，我会从 5 数到 1，当我数到 1 的时候，你就会带着轻松愉悦的心情从催眠状态中清醒过来。醒来以后，你会觉得头脑清醒，心情愉悦，浑身充满了活力。

5……开始慢慢、慢慢清醒过来……

4……下一次的催眠，你会进入更深、更放松的催眠状态，将会感受到更多、更丰富的细节……

3……慢慢地，你将要清醒过来了……

2……尝试唤醒你的身体，试着轻轻活动一下你的双手和双脚……

1……带着轻松愉悦的心情，完完全全清醒过来，醒来以后你会觉得头脑清醒，心情愉悦，浑身充满了活力。

自信重塑催眠：

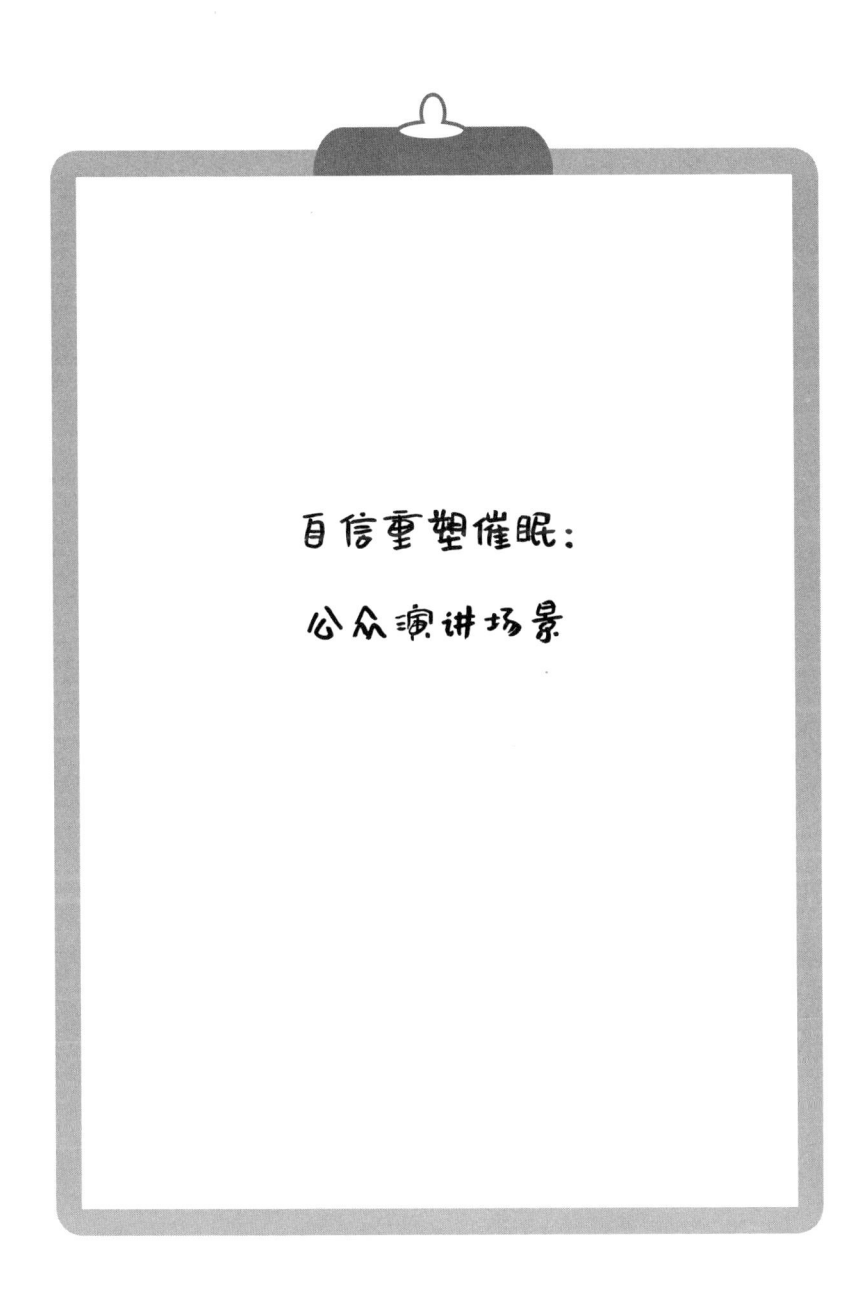

公众演讲场景

你在公众演讲之前会紧张焦虑吗？本次的催眠疗愈，我会帮助你在潜意识深处重塑自信演讲的模式。你需要多次重复这个练习，帮助自己多次巩固，以达到稳定的自信表达的效果。

建议练习方式：自我催眠（你可以自己轻声读出来，配以轻柔的背景音乐，录下来，回放给自己听。也可以请一位你非常信任的同伴帮忙，他的声音需要是你喜欢的，请他在耳边轻柔缓慢地读给你听。）

建议练习场景：需要增强公众演讲的自信时

建议催眠引导时长：15～20分钟／次

功效：舒缓压力、提升内在力量感、重建关于公众演讲的自信

请你在一个安静舒适的环境下，躺下或坐下都可以，轻轻闭上眼睛。让自己完全放松，用最舒服的方式去呼吸……去想象每一次的吸气，你吸入的都是最纯净、最滋养的氧气。而每一次的呼气，都帮助你把身体里的毒素排出体外。在这一呼一吸之间，你整个人都放松了……

你身上的肌肉……脸上的肌肉都在慢慢放松……你的手臂、双手、每一个手指也都放松了……你的双腿、双脚和每

一个脚趾都放松了……你的整个身体都在慢慢放松……每一块肌肉、每一根纤维、每一个细胞……都在全然放松……非常舒服……现在,你已经进入了深深的、放松的催眠状态之中,去感受这一切……

你发现自己来到了一个大型演讲的现场。许多听众坐在台下,聚精会神地听着演讲。听众神情专注,有的还在做着笔记,有的频频点头,赞同演讲者的观点。他们的眼神里流露着对演讲者深深的钦佩和赞许。舞台上,聚光灯聚焦在演讲者的身上。演讲者看起来自信优雅、沉着睿智,举手投足之间都极具个人魅力。他在台上沉稳得体地表达着自己的观点,赢得台下阵阵赞许声和掌声。你忍不住靠近,想要看清他的样子,突然发现,演讲者竟然就是你自己。而更神奇的是,此时此刻,你竟然站在了讲台中央,站在了聚光灯的中心。

台下的听众都在望着你,眼神里充满赞许和欣赏、崇拜和仰望。他们不断点头回应你的观点,不时记下你说的要点和金句。你在他们的注视下,从容不迫、自信优雅、娓娓道来,你幽默风趣地回答听众的问题,赢得台下的阵阵称赞和掌声。是的,这就是你本来的样子,你本应如此优秀,熠熠生辉。你继续自信沉稳地演讲,越讲你就越轻松,越讲你就越放松,这种感觉实在美妙极了。这就是你一直都想要的自信和自由的感觉,这就是你内心深处本来就有的自信和力量。

去感受这一切，让此刻的场景深深印在你的心里。

从今以后，在你需要演讲时，你都会回到此时此刻的自信状态，精神饱满、信心百倍地站在讲台上，从容不迫、游刃有余地完成演讲。

去感受这份宁静和放松，去感受你内心的平静和淡淡的喜悦。

等一下，我会从5数到1，当我数到1的时候，你就会带着轻松愉悦的心情从催眠状态中清醒过来。醒来以后，你会觉得头脑清醒，心情愉悦，浑身充满了活力。

5……开始慢慢、慢慢清醒过来……

4……下一次的催眠，你会进入更深、更放松的催眠状态，将会感受到更多、更丰富的细节……

3……慢慢地，你将要清醒过来了……

2……尝试唤醒你的身体，试着轻轻活动一下你的双手和双脚……

1……带着轻松愉悦的心情，完完全全清醒过来，醒来以后你会觉得头脑清醒，心情愉悦，浑身充满了活力。

自信重塑催眠：人际交往场景

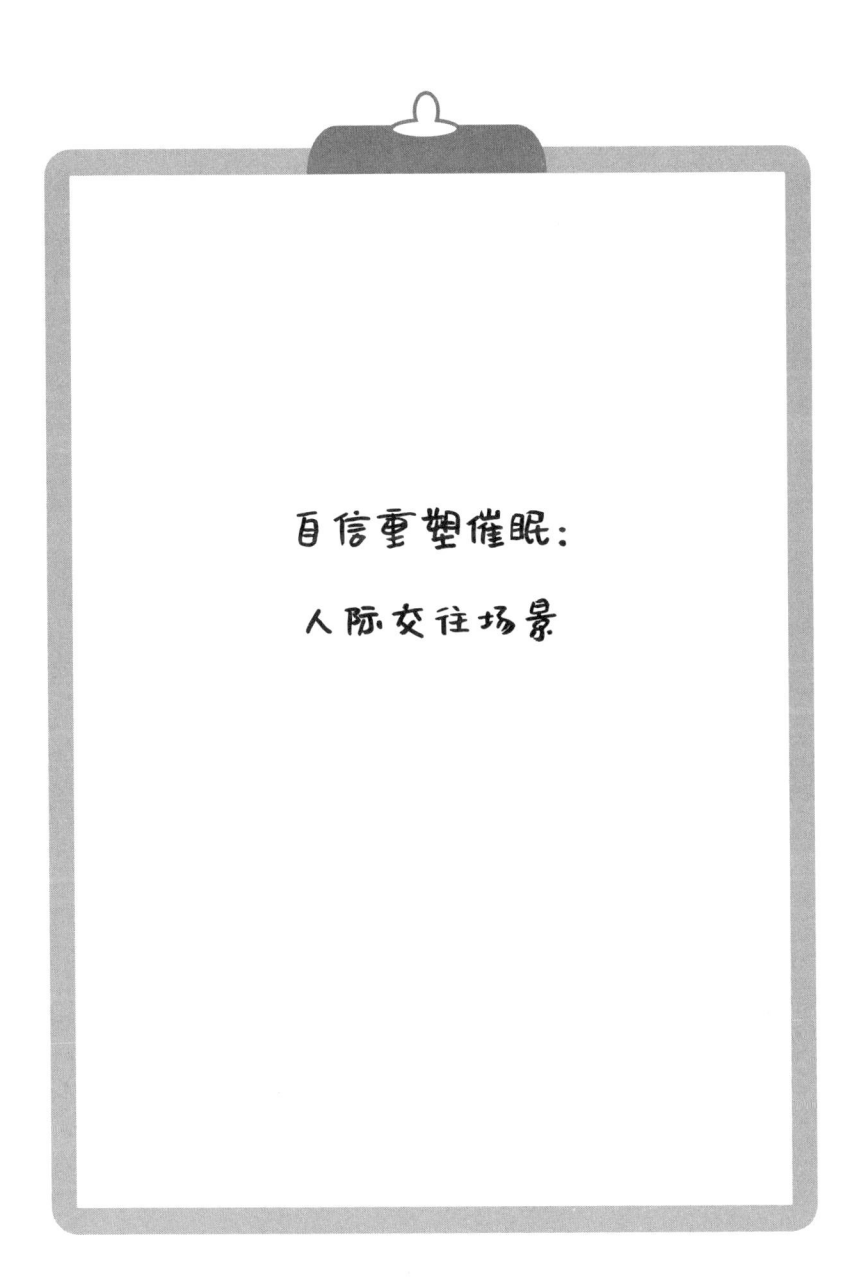

你在人际交往中会紧张焦虑吗？本次的催眠疗愈，我会帮助你在潜意识深处重塑人际交往的自信。你需要多次重复这个练习，帮助自己进行巩固，以达到稳定的人际交往自信的效果。

建议练习方式：自我催眠（你可以自己轻声读出来，配以轻柔的背景音乐，录下来，回放给自己听。也可以请一位你非常信任的同伴帮忙，他的声音需要是你喜欢的，请他在耳边轻柔缓慢地读给你听。）

建议练习场景：需要提升人际交往的自信时

建议催眠引导时长：15～20分钟/次

功效：舒缓压力、提升内在力量感、重建关于人际交往的自信

请你在一个安静舒适的环境下，躺下或坐下都可以，轻轻闭上眼睛。让自己完全放松，用最舒服的方式去呼吸……去想象每一次的吸气，你吸入的都是最纯净、最滋养的氧气。而每一次的呼气，都帮助你把身体里的毒素排出体外。在这一呼一吸之间，你整个人都放松了……

发挥你的想象力，想象你看到了这样一个人。他是一个你在生活中欣赏和认可的人，他在人际交往当中自信得体、游

刃有余，你常常希望自己也可以拥有像他那样的特质，得到大家的支持和喜欢。在你的脑海当中找到他，看到各种他自信得体地进行人际交往的画面。这些画面好像录影带一样在你的脑海当中一幕幕播放。你知道通过观摩和学习，你就可以获得他身上善于人际交往的特质，并且在你身上，把这种特质发挥到极致。

专注看着这些画面，突然，你发现自己也进入了这些场景和画面，替换了他的角色。此刻，你正在像他一样自信得体、游刃有余地与身边的人交流。身边的人都沉浸在与你交谈和相处之中，你们的交流轻松舒适，大家都非常喜欢你。你在人际交往中应对自如、快乐自在、充满信心，一切都是你所喜欢的样子。去感受这一切，去感受这种真实。

从现在开始，当你与人进行沟通和交往的时候，你就会想起这种感觉，想起此刻的轻松自在、游刃有余。你会变得越来越善于人际沟通，越来越享受人际交往。

去感受这份安宁和放松，去感受你内心的平静和淡淡的喜悦。

等一下，我会从 5 数到 1，当我数到 1 的时候，你就会带着轻松愉悦的心情从催眠状态中清醒过来。醒来以后，你会觉得头脑清醒，心情愉悦，浑身充满了活力。

5……开始慢慢、慢慢清醒过来……

233

4……下一次的催眠,你会进入更深、更放松的催眠状态,将会感受到更多、更丰富的细节……

3……慢慢地,你将要清醒过来了……

2……尝试唤醒你的身体,试着轻轻活动一下你的双手和双脚……

1……带着轻松愉悦的心情,完完全全清醒过来,醒来以后你会觉得头脑清醒,心情愉悦,浑身充满了活力。

自信重塑催眠：异性交往场景

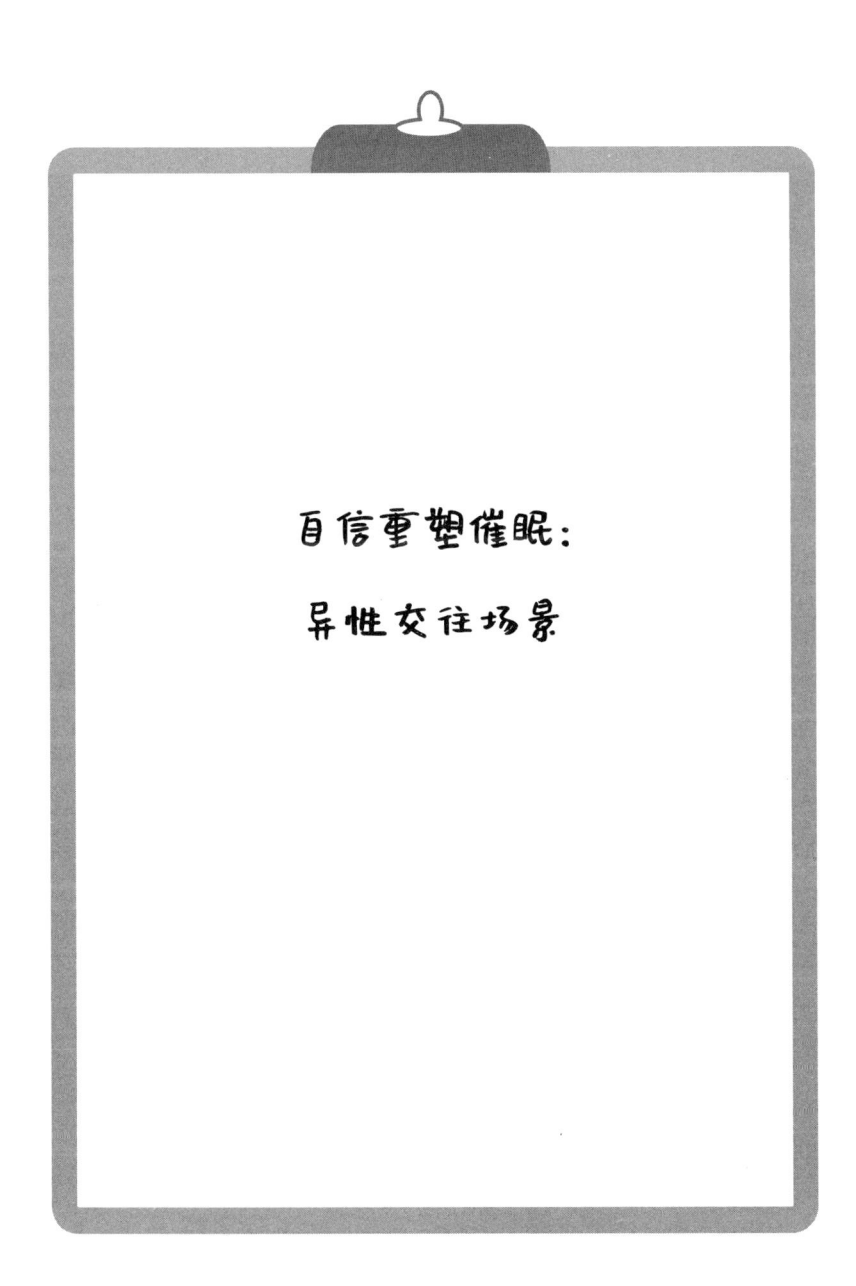

见到心仪的异性，你会紧张焦虑吗？今天的催眠，我会用5分钟的时间，帮助你在潜意识深处重塑异性交往的自信。你需要多次重复这个练习，帮助自己进行巩固，以达到稳定的异性交往自信的效果。

建议练习方式：自我催眠（你可以自己轻声读出来，配以轻柔的背景音乐，录下来，回放给自己听。也可以请一位你非常信任的同伴帮忙，他的声音需要是你喜欢的，请他在耳边轻柔缓慢地读给你听。）

建议练习场景：需要提升异性交往的自信时

建议催眠引导时长：15～20分钟/次

功效：舒缓压力、提升内在力量感、重建关于异性交往的自信

请你在一个安静舒适的环境下，躺下或坐下都可以，轻轻闭上眼睛。让自己完全放松，用最舒服的方式去呼吸……去想象每一次的吸气，你吸入的都是最纯净、最滋养的氧气。而每一次的呼气，都帮助你把身体里的毒素排出体外。在这一呼一吸之间，你整个人都放松了……

发挥你最丰富的想象力，想象你看到了这样一个场景：这是一次你和朋友的普通聚会。你们坐在咖啡馆，悠闲地喝

咖啡，自然地聊天，一切都非常舒适，正是你所喜欢的样子。你们聊着各种有趣的话题，生活中的、电视里的、书本上的，还有你们认识或不认识的人和事，聊得非常投缘，非常放松和自在。去感受这一刻，你内心的平静和淡淡的喜悦。你闻到咖啡的香味，这让你心情愉悦，你闭上眼睛，做了一次深呼吸。再次睁开眼睛的时候，你发现，你心仪的异性就坐在你的对面。他（她）端起杯子喝了一口，然后放下杯子对你微笑。他（她）的眼神是那样柔和，眼底有温柔的光芒闪动，当你看到他（她）时，你整个人都放松下来。他（她）在你面前自然地继续刚才的话题，就像你们已是相熟多年的知心朋友。当你听见他（她）的声音，你整个人都感觉到非常放松，回到你最自然、自信和本真的状态。

你就在这里，在这个安静的咖啡馆，与你心仪的异性一起，轻松愉快地交谈，一切都是你所喜欢的样子。那样轻松、自然、舒适，去感受这一切，感受它真实地发生了。

从现在开始，当见到你心仪的异性时，你就会回想起这种感觉，回到此刻轻松自在、自信与自然的状态。他（她）也会用同样的方式回应你，你们会相处得非常愉快。

去感受这份安宁和放松，去感受你内心的平静和淡淡的喜悦。

等一下，我会从 5 数到 1，当我数到 1 的时候，你就会带着轻松愉悦的心情从催眠状态中清醒过来。醒来以后，你会觉得头脑清晰，心情愉悦，浑身充满了活力。

5……开始慢慢、慢慢清醒过来……

4……下一次的催眠，你会进入更深、更放松的催眠状态，将会感受到更多、更丰富的细节……

3……慢慢地，你将要清醒过来了……

2……尝试唤醒你的身体，试着轻轻活动一下你的双手和双脚……

1……带着轻松愉悦的心情，完完全全清醒过来，醒来以后你会觉得头脑清醒，心情愉悦，浑身充满了活力。

未经许可，不得以任何方式复制或抄袭本书之部分或全部内容。
版权所有，侵权必究。

图书在版编目（CIP）数据

焦虑星人出逃指南：教你 3 步挥别高敏感型心理内耗 / 唐婧著. —北京：电子工业出版社，2022.5
ISBN 978-7-121-43280-4

Ⅰ. ①焦… Ⅱ. ①唐… Ⅲ. ①焦虑－心理调节－通俗读物 Ⅳ. ①B842.6-49

中国版本图书馆 CIP 数据核字（2022）第 061121 号

责任编辑：黄 菲　　文字编辑：刘 甜　　特约编辑：刘 露
印　　刷：三河市良远印务有限公司
装　　订：三河市良远印务有限公司
出版发行：电子工业出版社
　　　　　北京市海淀区万寿路 173 信箱　　邮编：100036
开　　本：880×1 230　1/32　印张：7.875　字数：213 千字
版　　次：2022 年 5 月第 1 版
印　　次：2022 年 5 月第 1 次印刷
定　　价：68.00 元

凡所购买电子工业出版社图书有缺损问题，请向购买书店调换。若书店售缺，请与本社发行部联系，联系及邮购电话：（010）88254888，88258888。

质量投诉请发邮件至 zlts@phei.com.cn，盗版侵权举报请发邮件至 dbqq@phei.com.cn。

本书咨询联系方式：1024004410（QQ）。